大魚讀品
BIG FISH BOOKS

让日常阅读成为砍向我们内心冰封大海的斧头。

摔倒了，
就先原地躺会儿吧

为了寻找今日的幸福，
我将『自己』从城市迁移到乡下

[韩]
申佳永 著
(Little Tane)
朱萱 译

国文出版社
·北京·

序言

静待花开

早晨睁开眼后，第一件事就是走到院子里拾起铁锹。趁着太阳还没那么晒，我得先把户外的活儿干完。作为一个刚刚归农的人，我不仅要耕地、拾掇院子，还要修葺房子，根本一刻也直不起腰来。这段时间，我握铁锹似乎还多过握筷子。像个挖井人一样辛辛苦苦埋头干了半辈子，现在回到乡下还要铲土。这该死的人生怎么样样都不顺心啊！

最初决定返乡，也是因为厌倦了埋头工作的日子。虽说谁也不喜欢做无用功，可我的工作似乎尤其看不见成果。我埋头挖的井恐怕有一百口了吧？

“敢于挑战！保持对生活的激情！不要畏惧失败！”

三十岁以前的我为了丰富简历，跟着世界的口号跑得多卖力啊！可是某一天，有人却告诉我：“别光努力，还要做得好才行啊！”回顾那段充满挑战的青春，我似乎一直只顾着埋头努力，却从未考虑过结果。没有得到他人认可的经历无法成为履历。尽管对待生活我从不敷衍，可是没有证书加以证明的时间无异于虚度。“你这年纪也不小了，之前到底干吗去了？”每次听到这种话，我都想大声撑回去：“还能干吗啊，努力生活呗！”这些话却一直卡在了嗓子眼里。

是啊，每个人都在努力生活，只是无法都活成自己想要的样子。

我不想再把人生浪费在向别人证明自己上。在人生路上狂奔了一段之后，我摔了个四脚朝天，然后来到了这个地方，也就是乡下的这个家。我希望在这儿能放下一切，找到内心的平静。

可是——哎？我怎么又拿起了铁锹啊？

这是在按照我的想法生活吗？

我以为这个地方会是尽头，来之后却发现一切并没有就此结束。我抱着“退休”的决心而来，却意外地开启了第二场人生。回头一看，以前挖的那些井都开始积水了呢。能让我尽情畅游的海洋，或许也是这么形成的吧。

也许我不是想放弃自己，而是想要守护自己，不是不想努力生活，而是想要真真切切地好好活一次。而现在这个阶段，就是确认的过程。

我希望能自信地告诉别人，

即使不按照世人要求的活法生活，

也能过得很好，

人生并不会因此而完蛋。

这段新的人生旅程究竟能否收获成功？谁知道呢……人生嘛，谁也说不准。在这个地方将会迎来怎样的结局，连我自己也无从知晓。但我一点也不担心，反正失败了也没什么损失。最糟的结果不就是在这里平静地老去吗？不论如何，日子总会过下去的，这就是人生。

总之，先试一试再说！

不要着急，静待花开。

二〇二三年 夏初

写于我的圆顶小屋中

Little Tane

目录

第1部 决定活出自我

第2部 摔倒了 就躺会儿再走

第3部 不亲自走过就不会知道

第4部 还以为这样生活 人生会完蛋呢

第1部

决定活出自我

即使活得不一样也没关系

二十岁出头的年纪才是我真正的叛逆期。只要是想做的事，我都会不顾一切往前冲，然后跌跌撞撞地摔倒。那个年纪的冲劲让当时的我无所顾忌。不管别人怎么活或怎么说，只要能做自己想做的事，对我而言就够了。我跟随内心，顺其自然，去了很多地方，体验了很多感兴趣的事物。那时候真的就是“死了也要 Go”。

当其他同龄人走在安全的轨道上，有条不紊地充实着自己的简历时，我却踏上了一条独属自己的道路（又或许应该说是“开辟”吧？）。虽然未能获得任何人的认可，也没有留下任何可以证明的记录，但不是有很多聪明的人说过吗？

无论什么事情，过程比结果更重要。

我相信了他们的话，因为各种名人演讲和畅销书都在告诉我们要有激情和干劲，要活出自己的人生。我一直以为自己真的过得很好，直到我抬起头来环顾周围。

到了二十五六岁时，不知不觉间就只剩下我一个人了。这也难怪，毕竟同龄的朋友们都不像我这般游手好闲。大学毕业后，他们纷纷涌入职场，又是考证又是上班，每天忙得不可开交。那种感觉就像大家都去上学了，游乐场里只剩下我一个人，我却不知该如何打发这只属于自己的额外时光。

“那……什么，所谓的‘社会生活’，要不我也试试？”

还记得那时我好像背着手，故作从容地吹着口哨，大声地自言自语着。尽管后背淌着冷汗，我却不愿意表露出来，不然就对我之前选择的“独行侠”人生太不礼貌了。虽然我的简历有些特别，但我还是相信这些经历能让我立足于社会。

没想到的是，这个平凡的社会生活梦竟然从一开始就被绊住了脚。原因是我没有能写入简历的文凭和技能。虽然我自认为有着丰富的阅历，一直也都在努力生活，但让我备受打击的是，当时能写入简历的就只有“高中毕业”这一项。我心想，只要把第一页写完，后面的自我介绍肯定能写得精彩绝伦。可问题是，这第一页怎么也填不满。最基本的文凭、资格证，我一样也没有。还说什么过程比结果更重要？没有证书的过程，上哪儿都得不到认可。是啊，如果没有证书，又该如何证明过去的时间呢？难不成放几张自拍，写上“我真的很能干！”吗？这种话说出来谁相信呢？

我一直以为自己和那些聪明的人一样，是主动选择不加入竞争队伍的。可现在回头来看，那并不是选择，而是逃避。大家都在指定的赛道内奔跑，只有我一人游离在赛场之外。当其他人跑得热火朝天时，我却在独自玩耍，这是哪门子的特立独行啊，分明就是在犯傻嘛！亏我还自认为很酷，其实根本就不是那么回事。所以我抛弃了之前的信念与理想，决定加入赛道。

就这样，我成了赛场上的一匹赛马。

一张简历的重量

说实话，我很想好好丰富一下自己的简历。我希望成为在别人眼里也很优秀的人，而不只是自以为是的优秀。但一想到前面二十多年，我都沉浸在自己的世界里，阵阵焦虑便涌上心头。于是我将一直积压的欲望化作动力，开始像失控的火车般狂奔起来。

首先，别人有的经历我也要有。我开始考资格证，插班到有一定知名度的大学里主修哲学和英语专业。为了提升被埋没的画画实力，我还开始参加插画师聚会。渐渐地，我和跑在前头的朋友们缩小了差距，但这还远远不够。朋友们已经步入职场，并有了一定的经济基础。

我也不甘落后，揽了许多网络漫画兼职，起初做这个是为了给自己挣点零花钱，后来越做越大，还租了间工作室。一天到晚不是在工作室里工作，就是去学校上课，闲余时间就参加一些自我开发类的课外活动。日子过得忙碌而充实，我为那时的自己不知道感到有多自豪。

“照这样下去，我应该也能做好吧，至少不会落后于其他人。”

于是我继续奔跑，不断地奔跑。

几年过去了，我依然是一匹在赛道上奔跑的赛马，每天忙得不可开交。可是这场比赛有点奇怪，无论怎么跑都看不见终点。眼看都要累倒了，比赛却仍在继续，竞争对手也不见减少。跑了那么久，还以为脖子上至少能挂块奖牌呢，没想到我却还在赛道上，已经燃烧的热情和投资的时间，丝毫看不到回报的迹象。

抱怨也无济于事，别人只会告诉你，大家都是这么过来的。大学一毕业就面临找工作的难题，紧接着是结婚、生育、升职、买房……让人无法停止奔跑的理由就像花生一样，一扯便是一大串。

真奇怪。不就因为当初觉得随心所欲的生活只会一事无成，要和别人保持步伐一致才能有出路，所以才回到了赛道上吗？可是漫长的十年过去后，我却还是一无所成，这让我无法不怀疑自己是在浪费青春。如果继续这么下去，这辈子感觉都要完了。焦虑、不安、紧张、不满、郁结，各种情绪接踵而来，最终还是我的身体先发出了投降的信号。

我病恹恹地举起白旗，半主动半被动地逃出了赛场。Time out！（暂停！）其实是弃权认输。我实在无力再继续攀登金字塔了。成为插画家的梦想，稳定的职场，经济上的富足，成功的人生，我决定放弃追求这一切。待热情燃烧殆尽时，剩下的只有无尽的空虚。可笑的是，一旦离开跑道，赛场上的一切就都失去了意义。那些激烈的瞬间统统不知所终，剩下的只有手中那张简历。如此渴望被填满的简历，便是全部。

这张纸真的能承载十年岁月的价值吗？讽刺的是，我还和十年前一样做着兼职，只不过现在的简历上填满了各种经历。为了更好地融入社会，我拼命地丰富自己的简历，结果却与我预想的全然不同，这张简历对于现在的我而言没有任何意义。

可这不就是生活吗？虽然免不了有些可惜，可回头看去，那些也许都是必经之路。如果没有经历那段埋头奔跑、你追我赶的日子，就无法体

那漫长的岁月，我究竟是为了什么？

会悠然漫步带来的快乐。如果没有按照世人的方式活一次，说不定还会留有遗憾呢。一个人的经历决定了他的视野。就这样绕了一大圈后，我又回到了原点。

我依然没有明确的人生蓝图，没有清晰的人生目标。但能够确定的是，我会跟随自己的内心，活出自己的样子，并且放下偏见和刻板观念，停止一切比较和评价。然后我要踏上寻找自我的旅程。

人生长着呢，

反正重要的不是结果，而是过程。

当你说太晚时，才是真的晚了

我的房子朝向东南，光照充足，背靠小山坡，面朝江水。在这里，我会用视频记录下我的日常生活，但在几年前，我还是宅在城市的家里的一名自由职业者。早在八年前，我就决定要拍摄视频上传到 YouTube[1] 上了。那时的 YouTube 还是一片蓝海，和现在的情况不太一样，那会儿它才刚开始在少数人中流传开来，还没有出现订阅频道等概念。它吸引我的地方在于，只要坚持做下去，好像就能看到相应的成果。

1　国外知名视频网站。（除特别说明外，本书中注释均为译注）

虽然自媒体在今时今日已经很普遍，但在那个年代，出现这样一个不需任何资本，靠个人能力就能赚钱的平台，还是十分轰动的，它甚至对才能的要求也不是很高。这个平台能让一个能力一般的普通人获得普通的成功，这分明是一个巨大的优势，但很可惜，当时的我对自己缺乏正确的认知。谁都可以成功，不就体现不出自己的价值了吗？那时自命不凡的我，觉得 YouTube 这个平台太小了，装不下“我”这种大人物。

当时应该开始做自媒体的……

这句话和“当时应该买那只股票的……”“当时应该买那套公寓的……”听起来是不是很像呢？在这世界上，令人遗憾的不只是错过投资房地产、股票和比特币的最佳时机，还有错过开始做自媒体的时机。当初应该研究自媒体的。不过，就像以前我早就料到网络电商代表亚马逊肯定会成为行业巨头，但还是没有提前购买股票一样，我的

懒惰和傲慢是不会允许我开设 YouTube 频道的。就这样，YouTube 逐渐成了一片血染的红海，许多人纷纷投身其中，靠着吸引流量为生。虽然我仍对 YouTube 抱有兴趣，可炽热的市场让我丧失信心。“在那成千上万的人当中，成功的能有几个呢？”无论怎么拨动脑海里的算盘，我都觉得不太合算。要是从 YouTube 刚上线不久时做起，好歹还能打个“初代博主”的旗号，可现在已经太晚了，还不如换个新平台呢。这么一想，我再次选择了放弃。

当时就应该开始做自媒体的……

愚蠢的人在 YouTube 这件事上还是没能做出聪明的判断。现在 YouTube 上的竞争已经白热化，一般的实力已无法在市场上立足。尤其在新冠疫情暴发之后，自媒体更是成了挣外快的绝佳之选。这次不仅是有先见之明的人，而是真正的全民进入自媒体时代。蛋糕大了，成功瓜分的事例也就多了。我的内心开始动摇。但凡早一点点开始，也不至于落后至此啊！要是能早个一年……不，哪怕能早个半年开始就好了。

当时真的应该开始做自媒体的。

然后我回到了乡下

“如果在家附近拍摄，万一被跟踪狂盯上了怎么办？要是在外面被人认出来，被要求合影怎么办？我是不是该提前练练签名，以备不时之需啊？哎呀，如果出去老是被认出来可就麻烦了……”

我和许多自媒体博主一样，一面埋怨自己为何不早点儿开始，一面新建了一个 YouTube 频道。让我一个人经营的话，我觉得没什么信心，也没什么意思，所以我拉上了弟弟妹妹一起。这都还没开始，我们就已经在担心成名后的事了。说实话，我们对频道的成功深信不疑，因为我们觉得自己真的很搞笑。经过长时间的准备后，备受期待的第一个视频终于面世了，我们都在等着它的爆火。

可是时间一天天过去，一周周过去，谁也没想到，我们的视频竟无人问津。

就像我看别人的视频觉得无聊一样，别人看我

可谁也没想到，我们的视频竟无人问津。

们的视频也不觉得好笑。连平台也放弃了我们的账号，视频浏览量只有在我们自己回看时才会增加。两个月后，我几乎可以将视频里的台词倒背如流。热情退去后，我们很快便开始内部分裂，并相互推托制作视频的工作。有句老话叫“艄公多，撑翻船”，可我们这艘船上的艄公却都不愿意划桨，所以小船最后哪儿也去不了，只能沉没水底。仅仅过了三个月，我们就放弃了，我们的账号默默地消失在历史的长河中。

弟弟妹妹离开后，这片废墟就只剩下我自己。尽管经历了一次惨败，可我仍旧不死心。不管嘴上怎么吐槽，内心深处还是认为自己注定要在互联网上活下去。无论视频会不会火，只要能记录下青春时的样子，这本身不就是一件很有意义的事吗？从很久以前开始，我就这么给自己洗脑了。热情的火种虽然燃烧得比较晚，却不会轻易熄灭。

一个东山再起的机会意外地找上了迫切的我。

“佳永，趁这个机会在乡下买套房子，过过田园生活怎么样？反正你现在也没工作嘛！不如找个有庭院的乡下房子，与大自然为伴，还能写写文章、画点儿画，做些自己喜欢的事呢。”

妈妈随口说的几句话让我顿时两眼放光。“反正我也不出门，那待在乡下和待在城里有什么区别？正好趁此机会买套属于自己的房子，还能在乡下拍点儿田园生活的视频呢！”

打那天之后，我便下定决心彻底改变人生轨道。爸爸担心我会后悔，也劝说过我。但天下哪有拗得过子女的父母？爸爸最后只能默默接受。一眨眼就到了临近搬家的日子。但才刚开始打包行李，我就已经不想拍视频了，搬家当天也只是简单录了些花絮。虽然总感觉事情的走向不太对劲，可是已经覆水难收。我物色好了地方，找好了房子，签了合同，交了钱，变更了住址，收好了行李，现在已经在搬家的路上了。

如今才说后悔已经太迟了。都到了这份上还不拍视频的话，那可就真是太不像话了。不管什么都好，先拍着往上传吧。反正已经没有回头路了……

不久后，第一个视频“新手博主，花费两亿[1]走上自媒体之路”上传到了网上。就这样，一个为了做自媒体而突然回归田园生活的三十岁女人开始了她的辛酸记录。

1　本书中出现的货币单位均为韩元。1 元人民币约合 187 韩元。

快乐我家

从首都圈出发到我家，驾车需要三小时，乘坐公共交通需要四小时。我的房子就像因纽特人的冰屋，圆圆的屋顶酷似倒扣的米饭碗。大家都很讶异我是怎么在乡下找到这种房子的，但其实很久以前我就已经和它结缘了。第一次来这里是在十二年前。这个地方是妈妈发现的，她想投资土地，当时带着我一起过来。她还问我：

“你喜欢这里吗？”

那时妈妈是不是就预知到我以后会成为这儿的主人？这块地方光照充足、临近街道，又离村庄有一小段距离，用来盖房子正好合适。只是考虑到旁边有条小河沟，到了夏天蚊虫肯定很猖獗，所以最后才舍弃了这里。

十二年过去后，这里已不再是当初那个蚊虫漫天飞的地方了，不仅新建了堤坝和桥梁，原来的沟渠也变成了清澈的河流，九百九十平方米的土地上还建了一座漂亮的圆顶房屋。现在这里成了任何地方都无法比拟的完美家园。一切都与之前不一样了，包括我年龄的首位数字和我的心境。

容我小小晒一下我的家吧。我的圆顶小屋共九十多平方米，其中客厅占了三十多平方米，天花板很高，墙壁刷的是土黄色漆，整体看起来很宽敞。对于一座老房子来说，它的厨房还算比较干净。卫生间设计得也很好，单是宽敞到能自由走动这一点就已经很加分了。

不过最赞的还是二十多平方米的圆形卧室。这间房是我的工作室，视野很好。到了深夜，打开间接照明后，光线反射到墙面上，圆形的穹顶构造让人恍若飘浮于宇宙之中。下雨时，淅淅沥沥的雨声在房间里回荡，又让人感觉仿佛置身于帐篷之中。如果躺在床上静静聆听，这不就是天然的 ASMR[1] 吗？

但凡事都有两面性。这座房子虽然特别，优点很多，但问题也不少。比如玄关门很薄，到了冬天，夜里结的露就会哗哗地直往下淌。外墙也该修理了，在长期的风吹雨打下，墙面已经出现了风化现象。还有卫生间的地板没铺地暖线，除湿成了一大难题。总而言之，问题太多了，到处都需要修理。

俗话不是说“口渴了就会自己挖井”吗？所以

---

1 全称 Autonomous Sensory Meridian Response，意为自发性知觉神经反应，是一种通常从头皮开始，并向下移动到颈后及脊椎上方的发麻感觉，通常由特定的视觉或听觉刺激所触发，能让人产生愉悦感。

我开始自己动手修理。以前的我是个连根手指头都不愿动一下的懒骨头，没想到现在还会自己修房子了。这要是发生在十二年前，我肯定待不了几天就闹着要回父母身边了。

之前做不到的事，现在能做到，
是因为能体验到主动生活的乐趣了。

当我意识到靠自己的力量能改变生活时，一切就变得不再辛苦了。到头来让我变成熟的不是妈妈的唠叨，也不是长辈的责备，而是这座乡下的房子。

这个陌生的空间渐渐变成了我的家。由空间带来的从容感逐渐显现。即便做同一件事，感受也大不相同，以前在城市时很容易因为局促的空间而神经紧绷，但现在总的来说感觉很自在。我可以在家里练瑜伽、烤面包、立起画架画画，还能穿在阳台晾晒过的衣服，衣服里满是阳光和风的味道。这才是真正的天然风干机啊！院子里可以晾晒地毯和被子，也可以置放酱缸。以前住在逼仄的公寓里根本不敢想的事情，现在在这宽敞的院子里都能实现了。房子四周就是大自然，即便放声高歌、大声喧嚷，也不会引起邻里矛盾，更不存在层间噪声的问题。

换言之，这一方土地，都是我一个人的世界。

我可以不戴口罩出门，因为这是我的地盘；我可以随便采摘地里种的有机蔬菜，因为这是我的菜园。鲜花只要撒下种子，不用浇水也会自己绽放；树木也一样，随便一栽就能自己长大。我原本是个连多肉都养不活的“植物杀手”，如今也能见证自己种的植物长大了。挥舞铁锹能让我的肱二头肌和肱三头肌变发达，下地干活能锻炼我的腰部和下肢力量，而且每天我还能吃上自己种的有机蔬菜。

我觉得自己就像茁壮成长的植物一样，正在变成一个肌肉发达的中年人。

不管别人怎么说，这个家最大的优点在于这是完全属于我的空间。虽然是穷乡僻壤，虽然寒酸简陋，但好歹是我的房子，依赖父母的寄居生活终于画上了句号。虽然接下来到处都是要用钱的地方，像是生活费、修理费等，但至少我独立了！这一点还是很有意义的。不错，值得肯定……

其实这座房子并不是人人向往的梦中情房，它的缺点一点儿也不比优点少。但我还是很知足，世间哪有什么是十全十美的呢？如果说首尔生活为我提供了便利，悠闲则是乡村生活给我的馈赠。

活着真的不需要太多，

能做成的事自然可以成，不用着急。

我现在才知道，生活就算单一一些也没关系。既然有点复杂的我来到了这个有点单一的家，就让我们互相填补，用更好的面貌迎接重生的每一天吧。

过上像样生活的成本

在电影《小森林》[1]中，一个厌倦了首尔生活的年轻女孩回到乡下老家，过上了自给自足的日子。她用自己栽种的蔬菜烹饪朴素精致的菜肴，过着不逊于任何人的生活。在看这部影片时，我也梦想着能过上那种自给自足的田园生活。然而人生难料，当我来到乡下第一次整理账簿时，上面的数字让我瞠目结舌。我竟然花了四百万！简直难以置信。本以为在乡下没什么要花钱的地方，靠着我微薄的收入也足够生活，现实却给了我重重一击。

1 此处指韩国翻拍的韩版《小森林》。

钱一直哗哗地往外流。

不下馆子，不购物，没有任何的奢侈消费，只是待在家里呼吸、吃饭、拉屎，竟然也花去了四百万！除非有个会吃钱的怪物，不然这种事怎么可能发生呢？难道是别人偷刷了我的卡？但上个月银行卡根本就没离开过我的手啊，这钱分明是我自己花出去的。我的收入全靠那一周两天的居家兼职，所以这笔支出对我来说实在是难以承担。

毫无计划的消费太危险了。为了更好地勒紧腰带过日子，我重新回顾了自己的支出明细。然后我意识到原来自己一直是温室里的花草、养尊处优的公主，原来只要活着就会花钱……

为了今后的生活，我亟须制订一份金融规划。首先，我需要计算出无法削减的固定开销，只要知道这部分金额，就可以大幅削减其余不必要的支出了。在那四百万里头，有一百五十四万是供暖设备的修理费，还有八十二万是每月让妹妹帮我干活的补偿。可令我震惊的是，扣除这些费用后，我自己的生活费竟然也要一百六十四万！人类真是只要在呼吸就会花钱啊！

整理完账簿之后，我发现生活费里头最大的支出是餐饮费。以前住在父母家里时，只要打开冰箱就有小菜，打开电饭锅就有米饭，打开橱柜就有各种零食，我从来没想过家里这些食物的价格。直到搬出来生活后，我才发现自己是多么不谙世事。天下没有一粒大米是免费的，就连一块泡菜、一片紫菜都是要花钱买的，我怎么会到了这个年纪还连这些都不知道呢？

问题不止出在餐饮费上。除了吃的以外，银行卡账单上还有三十万各种乱七八糟的开销。但仔细看的话，这些所谓的杂物其实也都是生活必需品，像是化妆品、洗发水、牙刷、香皂、卷纸等，这些以

免费体验时间已经结束……

前都是父母家里的常备物品。在独自生活以前，我从未细想过这些东西从哪里来，又去了哪里，但它们居然也要三十万……寄生虫向来不会关心宿主从何处摄取，怎么摄取，摄取了什么食物。之前我一直舒服地寄生在宿主的怀里，安逸地吸取他们的养分，直到离开宿主以后，我才知道一提卷纸的价格。

接着是煤油费。原来我理所当然地认为家就是一个温暖的空间。将水龙头拧到红色那边就会流出热水，到了冬天房间地板就会自动变暖，直到我搬出来自己住以后，才意识到这一切都是钱。供暖的煤油费就要三十万。以前住的公寓装有中央供暖系统，所以我从没考虑过这笔支出。但是现在这座房子，如果不添煤油的话，就要用冷水洗漱，在冰窖里入睡。或许你会觉得这种程度还能忍一忍，权当精神磨炼了，但如果正值寒冬腊月，情况可就不同了。要是逞一时之勇，睡到半夜说不定会冻死。

还不止呢。生活在父母的庇佑下时，我不知道健康保险要交多少钱，但现在这笔钱同样成了我的负担。还有宽带加有线电视的十万块通信费，以及YouTube和Netflix[1]的订阅费，它们是我每天的快乐精神食粮，所以这笔支出也不能少。一个人想要过上像样的生活，成本实在是太高了。

1　美国奈飞公司，亦称网飞。全球流媒体巨头，提供大量电视剧、电影、动漫、纪录片等视频内容。会员制，需每月缴纳订阅费才能观看。

搬出来生活后，我才知道自己以前想当然地享受了多少东西，对父母的敬意也油然而生。他们是怎么把我养育成人的啊？

搬出来后第一个月的生活费是一百六十四万。我也琢磨过如何勒紧腰带，可是花钱的窟窿怎么也堵不住，没有一笔支出是可以削减的。早知如此，从父母家里搬出来时应该多"偷"点大米的，真是后悔莫及啊！只好以后多赚点儿钱了。一周工作五天的话够用吗？真不想工作啊，一万个不想。如果你也对乡下的独立生活抱有幻想，那么我想告诉你——

在乡下生活也是要花钱的，而且工作也不会停止……

三十多岁的子女与六十多岁的父母

三年前，我搬到乡下这座房子，开始了一个人的独立生活。这是我平生第一个自己的家，搬进来时，我感觉仿佛拥有了全世界。不过这份喜悦并没维持多久。一年后，我去英国看望在那儿留学的妹妹。就是在那期间，我的院子里多了一座房子。有人强行迁入了我家，而那个非法入侵我领地的人，正是我妈妈。

我直到三十多岁都还寄居在父母家中，最后决定结束这长时间的寄生生活，是因为在父母家里生活的时间越长，我越是感到不自在。虽然没人给我脸色看，但我自己心里还是会在意。出个客厅整得跟在小区里串门似的，爸妈回来后，我和他们打声招呼就躲进自己房间里。可是看不见又不代表不在，我也不明白那时自己为何总是躲着。所以当我决定搬出去自己住时，感觉松了一大口气。可是这种解放的感觉很短暂，因为没过多久，妈妈就把家搬进了我的院子。

对于妈妈的“非法”侵占，就算我有十张嘴也无话可说。因为当妈妈和我说她要在我那块地上建房子时，我不以为意地随口答应了。加上我的体内还流着K长女[1]的血液，这九百九十平方米的房子和田地，我也没信心一辈子靠自己打理，迟早有一天我肯定要把父母接过来住。只是那一天不是现在而已。

---

1 “K”即“Korea”，韩国的网络流行语，指韩国家庭里的长女。她们通常承担着照顾弟弟妹妹的重任，从小就被教育要为父母分担压力。

“这里就是我的疗养院了。”

妈妈那四十平方米的“疗养院”只花了两个月就完工了。大韩民国的建筑技术居然发展得如此之快，这真是让我激动得几乎要落泪了。虽然我是答应了，可我从未想过她会付诸行动，而且仅花了两个月就竣工了。我只好问她，非现在不可吗？

妈妈说：“你是长女，反正不久的将来也要把年迈的母亲接过来照顾，还不如我自己提前做好养老准备，这样还能让你轻松些不是？”我茫然无措，还沉浸在现实的冲击中。

妈妈继续说道：“我把房子盖在这儿，相互照应起来方便，还能给你的房子当保安室呢。呀！这不是一箭三雕吗？”

居然在我家门前盖了一间私人疗养院，还制订了一个我也不知道的计划……虽然我很感激妈妈提前为她的晚年做准备，但是我一点儿也高兴不起来。我好不容易才下定决心跳出袋鼠妈妈的口袋，可现在感觉又被强行塞回了口袋里。

“妈妈在身边总能帮上忙的！”

“啊，你以为我还小吗？我自己一个人也能行！”

“你能对你的话负责吗？”

“当然！”

当时我和妈妈吵得不可开交，大喊着我一个人也能行，但这都是因为我的无知。我不知道打理这偌大的九百九十平方米的空间有多难，不知道生活中可能会遇到怎样大大小小的意外，不知道自己就算能提前预测到问题也不具备应对的能力。但是人生阅历丰富的妈妈似乎早已预知到这一切，所以才会替子女的未来担心，提前一步做好准备。于是，我就这样多了一位邻居。

以后就让我下地自己走吧。

父母一直很尊重和支持我的意见，所以从小到大我才能做自己想做的事。即便如此，当妈妈说要在我的院子里盖房子时，我还是感到喘不过气来，只想从他们身边逃走。为什么非要在我家旁边盖房子呢？我的独立生活才刚开始啊！真闹心。

我原以为这种心理是我独立的性格造成的，但后来想想，只要是正常人，可能都会有这种情绪。雏鸟长大后不也照样扑腾着翅膀离开巢穴吗？更何况是人呢？人长大后当然也会想要离开父母的港湾啊！所以就算想要推开妈妈也是很自然的事。直到后来我才明白，这一切只是因为我的自私。

换句话说，父母可以帮我，但不能管我。我不希望妈妈搬过来，也是因为她的各种问题和关心会让我感到不耐烦和有负担。我只想接受一切好的，但不想接受任何干涉。

“啊，不知道，别问了，我自己会看着办。”

这份藏在内心深处的自私，我从未向任何人展示过，却唯独暴露在了父母面前。真不公平啊，对社会上任何人都无法轻易说出的话，竟这么轻易就对父母说了出来。

归根结底，不是他们让我感到压抑，而是我自己觉得麻烦；不是他们在约束我，而是我自己不想沟通。这是我的人生、我的决定，我不想浪费口舌去说服别人或解释什么。

就算解释了，他们也未必能马上理解，这时我再也找不到让我耐着性子继续解释的理由，而且愤怒又总是来得太容易。“哼，让我这么心累，亏你们还是父母呢！”

思绪并未就此打住。“做父母的不都是这样？就该多忍让着子女嘛。”天底下最宝贝的就是自己的孩子。所以其实被枷锁束缚的人不是我，而是父母。

在接受妈妈搬来的同时，我决定探索一种新的相处模式。为了守住我来之不易的自由，也为了防止自己再次钻入父母的羽翼下寻求庇护，我制定了以下规则：

第一，尊重彼此的私生活。

第二，以邻里关系相处。

可我没想到，没有做好心理准备的人竟然是我自己。要实现相互尊重的话，子女也必须放弃他们的特权，比如不能再享受热乎乎的饭菜，不能再事事依赖父母，也不能再想当然地只知道接受。

真正的独立，

不是从家里搬出去，

而是发自内心的独立。

妈妈的疗养院到现在还亮着灯。从我们约定相互尊重、互不干涉至今正好两年了。我们在各自的空间里打发着各自的时间。虽然干农活和修房子时仍然会需要妈妈帮忙，但这种程度权当是乡下特有的“人情味”吧！日子仍在继续，我和妈妈都在慢慢地适应着各自的独立生活。

环境能改变一个人

有一次我去算命，算命先生说我的八字是“下雨的山”。大意是山里的雨一直下个不停，总是处在一种潮湿的状态。所以他建议我从事活动性较强的工作，并且住在阳光充足的房子里。虽然我不是盲目听信这些的人，但我觉得这话说得有点道理。回想起来，我在人生的低谷期一直都蜷缩在潮湿阴暗的地方。随着身体越来越差，心情也变得越来越糟，大多时候我会把矛头指向自己，指向当下的状况和我的人生，而这种精神状态又会如实地反映到我的健康状态上。

喜欢把自己藏在洞里的人注定容易生病，而天性懒惰的人注定要比别人活得更勤快。只有违背本性，才能过上幸福生活，还有比这更矛盾的人生吗？

很遗憾，我是一个懒惰的人，只要能坐着，就不站着，相较之下，我又更喜欢躺着。所以成为一个成天窝在房间里的宅女，似乎也是理所当然的。而且在我成为自由职业者之后，这种蜗居生活就变本加厉了。

我最久可以在电脑前连续工作十二小时。即便一整天都浸泡在电磁辐射中，休息时我仍抱着手机和电脑不放，因为我不想错过网上任何一条最新动态。别人都在讨论我不知道的趣事？这一点我绝对不能容忍。所以我经常刷手机刷到深夜，然后第二天睡到大中午，饭也是等饿了才吃。日子真是过得非常随性。

我没有做任何违背自己喜好的事，按理说不是应该感到幸福才对吗？可是好奇怪啊，我并不怎么幸福，反而还在经历着各种复杂的情感，其中最为突出的是愤怒。那时我心里总是隐隐窝着一股气。如果运动的话，或许多少还能释放一些郁积的愤怒，但我没有力气运动。

所以我选择了追星。我以为只要投入爱好里就能消除怒气，结果我只是成了一个愤怒的追星族，不仅和其他家狂热粉丝干架，意见不合时就连自家粉丝也照撕不误。啊，当然了，动拳头那是犯法的，我们只是敲键盘而已。以前我还不相信现实中真会有漫画里那种走火入魔的宅男宅女，没想到自己就是那种人……

那段时间，妈妈只要一见到我就会说：“出去晒晒太阳，运动一下就什么事都没了。”

说实话，这种话我一点儿也不买账，心想：“哼，要是这种方法可行的话，这个世界上还会有不幸的人吗？”但没过多久，我的身体就比我早一步找到了突破口，唤作“死亡”的突破口……它似乎觉得这么活着还不如死了更好。也是，一旦坐下就不轻易站起来的习惯让屁股的脓肿反复发作了几次，脱发也越来越严重了。不仅如此，脸色更是像将死之人那般日渐蜡黄。为了生存，我不能再一直待在房间里了。正如字面意思一样，我是真的为了活着才来到乡下的。

“果然妈妈的话都是对的……”

来到乡下之后，我真的立马恢复了健康。谁能想到我以前总是生病呢？为了打理这座房子，我不停地忙前忙后，身心也变得越来越健康。

在乡下，一天是从大清早开始的。自从夏天亲历过皮肤被暴晒的恐怖以及在烈日下劳作的痛苦后，我就自动变成了一个早起的人。从前一直不理

日光浴？运动？
如果这些有用的话，这个世界上还会有不幸的人吗？
那也总比你什么都不干好吧？
CIDER

解乡下的老人为何如此勤劳，现在总算是明白了，那是从生活中得出的生存战略。从东方发白到九点，是上午户外劳作的黄金时段，这是他们亲身总结出来的经验。从来都是睡到日上三竿才醒的我，竟变成了一只早起的百灵鸟。果然环境能改变一个人。

干完上午的活儿，我就开始努力吃饭。只有吃饱了才有力气下地干活、打理院子和修葺房屋。从城市搬来乡下后，我从原先的“小鸟胃”变成了如今的“大象肚”。之前吃得少是因为动得少，几乎不怎么消耗热量。真的，还是那句话，环境能改变一个人。

以前早上一睁眼，我就坐到电脑前，但现在要等到太阳落山了，我才有时间打开电脑。整理一下要上传的视频，弄一弄居家兼职的工作，基本上就到晚上十点了。如果第二天要早起的话，十二点前

（对城市里的人而言这个时间还很早）就得睡下了。一觉醒来就是清晨六点了，然后又开始重复和昨天一样的日常。我不禁由衷地感慨……环境能改变一个人。

就这样在乡下生活了一段时间后，我切实地感受到自己的体力和精神都在一点点变好。脸上重新有了血色，脓肿也不再复发。摆脱了掉发严重的问题后，发量现在也恢复了正常。当我开始顺应自然和改变生活节奏之后，身体和心灵都重新找回了平衡。我原以为不顺从自己的内心，后果就会很严重，原来并不是这么回事，只是我一直不知道罢了。

原来，我不必非得一直纵容自己的娇气；
原来，我的内心有朝一日也会长大成人。

那个时期的我总是充满怒气，大概是因为这个世界上有太多不顺心的事了。其中让我最生气的还是我自己。我喜欢偷懒，可又很讨厌懒惰的自己；我一边过着无节制的日子，一边又很讨厌那样生活的自己。

所以我总是乱发脾气。我不喜欢这个压抑的社会，也不喜欢周围让我闹心的人。一切不受控的事物都是我愤怒的对象。到头来，挨骂受气的又总是我自己。"没出息的家伙，你为什么总是这个样子？"我在心里暗骂道。

归根结底，我就是不愿承认我连自己都控制不了的事实。一直以来我都在努力顺从内心，回避一切不想做的事，并且总为自己找借口。可讽刺的是，即便这样，我的内心深处还是希望自己不要掉队。

我隐隐希望自己能有所作为，

成为一个有用之人。

有很长一段时间，我都徘徊于懒惰与远大抱负之间，一直未能找到好好爱自己的方法。答案明明那么简单——只要过好当下这一刻就可以了。以后我不会再做让自己变得微不足道的事，也不会再轻率地做出评价。只要换一种心态，我和我的人生也会从那一刻起发生变化。

“哎呀，就是给我钱，我也过不了那种日子！”

以前听人说过这样的话……虽然我无力做其他解释，但现在我很清楚，尽管这种生活在别人眼里枯燥且不便，对我而言却是一种救赎。现在的我每天早晨都会出去，看看我的蔬菜一晚上长大了多少，花骨朵长出来没有。哪里需要我，我就上哪里忙活，然后在充实中度过一天。像这样凡事亲力亲为的日子，每天都有做不完的事，哪儿还有闲暇冲自己发火？有那时间还不如多浇一次花，多摘一颗枣呢。啊，多么太平的日子啊！妈妈说，只要到外面出身汗，就什么心病都没了。是啊，她的话永远都是对的。

原来忙不过来时，根本没有时间无病呻吟。

第2部

摔倒了
就躺会儿再走

以后坚持不了就不坚持了

“你以后后悔就来不及了。”

当我决定返乡时，不仅爸爸，还有许多人都由衷地替我担心。“估计待不了多久就腻了吧？”“一个年轻人自己在乡下生活，肯定坚持不了多久。”对于这些担心，我仔细想了想。

“坚持？有什么好坚持的……如果坚持不了，放弃就好了嘛。”

说实话，重新选择一条全新的人生轨道，对我而言并不陌生。青少年时期我就一直在国外闯荡，二十多岁时也一刻都未曾消停过。“安逸抑或挑战？”人生总会面临选择的时刻，而我内心的天平每次都更倾向于挑战。我想证明比起回首过往，继续向前才是正确的选择。

看我现在在乡下拍视频的生活，也许很难和我的过去联想到一块儿。曾经我的梦想是成为首席女歌唱家。初中时我出国留学，放弃了画画，转而挑战声乐。一直喜欢的画画和（学了十年的）小提琴都画上了句号。那唱歌呢？下一个挑战对象就是你。初中那三年我一直卧薪尝胆，努力学习声乐。

终于，我考上了艺术高中。可讽刺的是，在进入梦寐以求的艺术高中之后，我才发现原来自己不是“舞台体质”。如果一个声乐家没有天赋、没有热情，也不喜欢站在舞台上，那么和讨厌牛粪的屎壳郎有何分别？另外，像前后辈间的森严等级、垂直的上下级关系，以及音乐人之间那些复杂的利害关系等，艺术界的诸多传统都令我厌恶至极。

不到一年时间，我就知道自己不适合在这一行混下去。但这时才说要转去人文学科也不现实。我遭到了长辈们的反对。

“想想你一路走来花费的金钱、时间和汗水，你不觉得可惜吗？现在放弃的话就真的结束了，可是只要再坚持一下，你就可以考音乐学院，可以当音乐老师！未来就有保障了！”

长辈们的话并非全无道理。只要坚持读完音乐学院，从海外留学回来，我就能当一名音乐家或是音乐老师。换言之，只要再辛苦十年就能看见回报。用十年的时间换取终身养老保障？听起来还不错。我成功被长辈们说服，放弃了转学到人文类高中的念头，读完了艺术高中。

那之后是不是如愿考上理想大学，然后过上了安稳的人生呢？ No！并没有。我完美地落榜了，原本的计划也落空了，周围的人纷纷送来了安慰。

不是来帮我扛的话就闭嘴……

“只要再辛苦一年就好了，最近复读也不是什么新鲜事。”

大家都不觉得我是选错了路。可不知为何，我觉得这次失败并不是为了让我再次挑战，而是上天给我的一个机会。而且这种想法为我解开了心中的许多疑惑。

最终我没有选择复读，而是买了一张前往印度的机票。

当时对我来说，最需要的是遵循自己的内心，体验自由的生活。虽然我也可以选择复读，然后顺利考上大学，可我不确定自己能否在这一行坚持下去。就算坐上了长辈们口中的成功小船，在那条航路上我感觉自己也不会幸福。辜负了父母对我的信任，我感到很抱歉，但我不能将自己的全部人生奉献给他们，所以我脱离了既定轨道。不管将来怎样，只要跟随内心走下去，我相信总有一天会抵达最适合自己的地方。

或远或近，人生总有尽头，有限的生命还不够我们过真正想过的生活呢，即使知道这一点，我们却还是安于现状，压抑想要挑战新人生的内心，固执地在原地打转。万一翻了新篇章之后还不如从前怎么办？万一吃亏了怎么办？因为不想改变、害怕改变，所以我们总是画地为牢，给自己找各式各样的借口。但我始终认为死水早晚是会发臭的。

如今我生活在乡下，用自己种的蔬菜腌制萝卜块和酱菜，自己打理菜园和院子，一边与日益疯长的杂草搏斗，一边描绘院墙施工的蓝图。这些就是我的日常，虽然我对这个空间倾注了许多感情，但到了要改变的时候，我仍然会毫不犹豫地接受。我认为只要努力过好了过去，接下来就该迈出新的步伐。如果不先放下手中的东西，又如何拿起新的东西呢？

有句话说“人生就像流淌的河水”。生命是有限的，谁也不知道它能持续多久、过程如何，但只要随着我们选择的风景流淌下去，终有一天会到达我们想要到达的地方，不是吗？

所以有什么好坚持的呢，想怎么活就怎么活吧，

无论是现在这个瞬间，还是即将迎来的崭新瞬间。

二十岁那年，我买了张去印度的机票

每个人应该都还依稀记得自己的第一次失败。于我而言那是高考。这是不是就叫“光速淘汰”[1]？苦读六载还是落榜了。我的心情就像在赛场上惨遭淘汰的赛马。我不想复读音乐专业，但现在再转去考人文类大学也不太现实。我的脸皮又还没厚到可以心安理得地一直游手好闲。所以我决定选择逃避，离开韩国，去一个不用看任何人眼色的地方，一个谁都不认识的地方，我想用这种方式来逃避人

1　韩国新造词，意指像光速一样被淘汰，主要用于高考、其他各类考试以及求职面试等情境中。

生的第一次失败。

“听说印度的官方语言是英语，而且上大学还免学费呢！”

正是因为别人的这句话，我才去了印度。此前为了准备高考，我花了很多钱，而印度不仅英语授课，还能免除学费，对我来说没有比这更好的选择了。于是我风驰电掣般地决定去印度留学。五月的某一天，我坐上了前往印度的飞机。然后命运之神对我说：

“嘿，你是第一次来印度吧？”

那天我第一次目睹行李舱在飞行途中打开。遇到气流时，飞机摇晃得跟随时都会坠毁似的，一旁的乘客笑道：“因为印度的飞机大多是快报废的老古董，所以不太稳。”虽然总感觉不太对劲，可后悔已经来不及了。我已经坐上了去印度的飞机，现在唯一能做的就是接受这一切！

“是啊，重要的是要有一颗百折不挠的心！”

我带着坚定的决心踏入孟买机场，那一刻我的感受却是：“啊，这真的不是地狱吗？”四十摄氏度的高温天气让我一度以为机场着火了。来之后我才知道，印度五月份的最高气温平均在三十七摄氏度。下飞机后，扑面而来的是一阵阵如地狱般滚烫的热浪，这就是我对印度的第一印象。

在前往市中心的路上，我第一次见到有人在大街上拉屎！我真希望自己是在做梦，但很遗憾那不是梦。一连串在韩国无法想象的事情如同噩梦般在这个地方持续上演着，这里与我所认知的世界相差甚远。街上见到的大部分印度人不会讲英语，所以如果不会说印地语，连公交车、计程车和人力车都坐不了。很不幸，我一句印地语也不会，这也就意味着我将要被迫过上蛰居生活。

真正的苦难就是从那时候开始的。我在印度租的第一间房子，每到晚上，过道上就会传来一阵不知什么人的嘀咕声，而且随时有可能停电，一停就是七个小时以上。虽然我很想知道停电的原因，可是我没有办法解决这个困惑，一是因为语言不通，二是因为互联网还未普及我住的这个地区。因为停电问题持续了很久都没有得到解决，所以在开学前的那一个月里，几乎每天晚上都有七个小时是在黑暗中度过的。

其实但凡我稍微有点生活能力，当时那些问题都不难解决。比方说，在前面提到的停电问题得到解决之后，只有我家还会经常停电，后来我才知道是因为我没缴电费。这也难怪，在来印度以前，我都不知道什么是公共事业费[1]。当时的印度不能自动转账，只能跑到街道办事处用现金支付。我费了老

1　由国家或公共团体向国民征收的费用。主要包括公共交通、城市供水排水、供热、供电、供气等费用。

大劲儿才找到街道办事处，却不知为何怎么也等不到我的号。

后来才知道，原来当时外国人在印度街道办事处办事是要行贿的。不给钱打点，他们就不给处理。对于印度这些黑暗面一无所知的我，在街道办事处白白等了六个小时也没能缴上电费。最后多亏一位熟悉印度情况的韩国朋友帮忙，我才通过贿赂缴上了电费。

还不止这些呢。有一次，我为了取从韩国寄来的快递，足足开了四个小时车去孟买。妈妈给我寄了价值一百万的生活必需品，可是过了一个月都还没收到。我心想肯定是被扣在机场了，所以租了辆车去了孟买机场。到达之后却发现机场没有我的快递。听工作人员说，快递先从机场运到孟买物流仓库，再运到孟买邮局，运来运去最终运到了我所在的城市，也就是浦那的邮局。哈哈，原来是个可爱的误会。是我失之偏颇地认为印度的快递体系不够完善，才导致了这次事件。虽然错在我，可我还是逃不了被现实浇了一盆冷水。

来印度生活才一个月，我就越发成为一个爱国者，光是听见韩国的“韩”字，眼泪就已经开始在眼眶里打转了。我总感觉自己来的地方不是外国，而是外太空。我不知道自己为什么来到这个地方，也不明白自己为什么总是选错人生的牌。十几岁时，我把青春耗在了不喜欢的专业上，然后经历了高考落榜，为了挽回失败的局面，我选择了出国，可没想到来的地方对我来说却是地狱。朋友们都在按部就班地为自己的人生铺垫基石，我却在这儿虚度光阴。简直是失败透顶的人生啊！

这辈子怕是完了，我灰心地想着，然后开启了在印度的大学生活。当时加上我，学校一共只有四个外国人，所以我的存在本身就成了话题。那时我第一次体验到只要搭个话就能成为朋友的奇迹。结交到朋友之后，原本无法理解的国度也渐渐变成了朋友的国家。我开始理解印度，随着理解的加深，我对它的感情也越来越深。于是，和前半段截然不同的印度生活也随之拉开了帷幕。

我在印度的生活越来越开心。印度人很快活，印度菜很好吃。因为物价比韩国便宜，我还有幸体验了一把在韩国无法享受到的奢侈，这也为我的印度生活增色了不少。还有一点很有趣的是，我在印度被公认为美女，甚至还有人让我去竞选世界小姐。哈哈，这真是太荣幸了。大概因为印度人喜欢白皮肤，所以在他们眼里我就成了一位美女吧。

无论是不是真的，他们的错觉让我很开心。同时我也很感谢他们，是他们纯粹的好意治愈了连我自己也未曾察觉的心灵创伤。

在印度那一年，我结识了许多朋友，收获了许

很遗憾，这次也未抽中。

多有趣的回忆。脱离了熟悉的生活之后，我终于可以自由地思考了。只有放下偏见和成见，才能看见全新的世界。面对眼前的新世界，我不得不承认自己此前的视野有多狭隘。很多时候我看到的并非事情全貌，我以为的正确也只是我的主观判断而已。

我以为失去了某些东西天就会塌下来，可实际上失去了天也不会塌；很多事情看似无法承受，但真正经历时才发现其实也没什么大不了的。

从固定的人生模式中跳脱出来后，

我发现我的人生并没那么错，也没那么糟。

我想我现在应该过得还不错。

二十岁那年，我经历了人生第一次失败，重重地栽了一个大跟头，那时留下的伤口就一个字——痛。可现在回想起来，我认为那段日子并不是人生的低谷期，而应该算是一段“休整期”。一路走来我是不是只顾着埋头奔跑了？这个方向真的没错吗？是什么原因导致我栽跟头？多亏那段日子，我才有机会停下来思考这些问题，为下个阶段制订新的计划。

然后新的一轮比赛又开始了。也许在每个人生关口响起的哨声，并不意味着比赛结束，而是让我们停下来稍做休整。没有哪一次比赛是因为倒下而结束的，那些时刻往往是改变的机会，而不是失败，说不定有时候摔倒了反而是万幸呢？

回到韩国后，人们依然不理解我为什么去印度。在他们眼里，我还是那个任性、不懂事的孩子，总是做出错误的选择。但没关系，我需要的不是别人的认可。最终，我的人生只需要我自己的理解和原谅。就这样绕了一大圈后，我才知道那些经历并不是我年少任性所致的失败，而是一个过程。

寻找青鸟的美国之旅

结束了在印度的那段休整期后，我重新回到了原点。我不会再像过去那样因为埋头奔跑而忽略了身心的伤口，我也不再是刚去印度时那个低自尊感的我了。

出发吧，去想去的地方！
行动吧，做想做的事情！

当时因为沉迷于美剧，我很向往去美国。这是不是叫“American dream（美国梦）”？仿佛只要到了美国，我就能找到幸福。

到了那里，是不是就能找到我的青鸟呢？

这一次，我购买了飞往美国的机票，茫然地期待着在那儿能找到新的人生目标。

此行的目的地是位于西雅图的两年制社区大学。可能有人会问：这个决定是不是太草率了？但其实这只是我计划的一部分。我打算先在学费低廉且容易取得学分的学校完成学业，再转入四年制的州立大学。这样一来，我就能花费更少的钱接受更好的教育。我真是太聪明了！

这个计划从我踏入西雅图的那一刻起就开始实行了。为了我的最终目标，即进入华盛顿州立大学，我拼了命地学习。那时，我几乎是住在了图书馆里，每天除了学习还是学习。大老远来到美国，我却连一个热门景点都没去过，甚至连结交朋友也只是为了拿到考试真题集！虽然感觉有点像自夸，但当时我真的全心全意地投入学习中了。

经过一番努力耕耘，我收获了优异的成绩。可是好奇怪啊，就算在那一年半里我的平均成绩都在 A 以上，我却兴奋不起来，反而一天比一天消沉。我想不明白这到底是为什么。是因为西雅图阴雨连绵的天气吗？应该不是抑郁症，也不是思乡情切，因为我并没有多想念韩国。大概是专业还没定下来，所以觉得学习无趣吧，可是学习又何时有趣过呢……？那时，我的脑海里突然蹦出了这样的疑问——

我真正想做的事是什么？

我想成为怎样的人？

为了寻找青鸟，我不远万里来到美国，并很快地适应了美国生活。可是学习越顺利，我的内心反而越不安。虽然英语说得越来越好，可是前方的路并没有因此变得明朗。正如我的韩语说得再好，也不见得就能在韩国实现梦想一样，能说一口流利的英语并不等于拥有梦想，也不会让梦想自动成真。我到底想做什么？我的脑子一片茫然。我再也找不到学习的动机了。

在美国的大学里也找不到我想要的青鸟。尽管我知道自己没有理由再待在学校里了，可还是难以跨出那一步。倒不是因为不舍，而是不知道接下来该去哪里。我究竟要去哪儿才能找到我的青鸟呢？

我不知道下一个目的地会是哪里，这种情况也很难奢求父母的理解。到底该如何开口是好？告诉他们，你们不争气的孩子又一次选错了路？这一次也是判断失误？

就在这个时候，我了解到了一个叫“CalEarth[1]”的地方。这就是所谓的“车到山前必有路”吧？从电视上看到它的那一刻起，我就知道“是它了”！那是位于加州的一个土造建筑研究所，专门致力于帮助第三世界国家的人们，在那里可以学习如何利用战后留下的残骸建造房屋（只需要花费三十万！）。当我看到来自全球的年轻人聚在一起建造土建筑时，我第一次体会到心潮澎湃的感觉。

“太酷了！”

看到他们像复仇者联盟一样赤手空拳就能建造起一座座房子，我感到一股奇怪的喜悦。他们在我眼里就像是拯救世界的漫威英雄。那时我萌生一种想法：我也要成为他们中的一员。如果能遇见他们，我的人生好像也会变得不一样。

1　加州土造艺术与建筑研究所，是一个非营利组织，致力于通过地球建筑的研究、开发和教育，为人类提供住所需求的解决方案。

“既然青蛙已经跳出了井底，那就顺便探索一下外面的世界吧。”于是我立马购买了一张前往加州的机票，然后拿出硕大的旅行箱打包行李。当时寄宿家庭的阿姨突然听说我要退房，一脸震惊地看着我。

“到了那边你打算做什么？”

“去了之后总会做些什么吧！”

就像我们无法想象电影会出现怎样的反转一样，直到幕布掀开的那一刻，我们都不知道那边会有什么。光靠想象和猜测是没有意义的，如果想知道幕布后面是不是自己心驰神往的风景，就要跑到幕布后面去亲自看一看！于是我开启了我的加州之旅。

我在沙漠里学到的东西

"欢迎您，您是第一位来我们这儿的韩国人。"

在临毕业前六个月从西雅图来到加利福尼亚州的奇怪的韩国人，那个人就是我。此次加州行的目的地是位于希斯皮里亚的 CalEarth。这个土造建筑群继承了圣人鲁米（Rumi）的精神，创始人是来自伊朗的建筑师、作家兼教育工作者纳德·卡利利（Nader Khalili）。为了让发展中国家在自然灾害或战争环境中也能造出牢固的安身之所，他提出了圆顶屋建造法。这种圆顶屋用铁丝网、土袋、泥土和少量水泥建造而成，即便在爆发战争时也能轻易找到这些材料。

这种徒手建房的想法，让打拼一辈子就为买房的韩国人有一种奇怪的解放感，就像突然发现铐在脚踝上的枷锁其实一点儿约束力也没有。

来接机的是一位五十多岁的白人大叔，给人印象很好。他是总负责人，虽然我早就忘了他的名字，但我还记得坐上副驾驶座去 CalEarth 时，一路上我都感到很放松。能让一个高度警惕的二十一岁东方女孩感到安心的五十多岁美国大叔，如果有这样的人当负责人，我想那个地方一定也没什么好担心的吧。结果却是我想得太美了。

CalEarth 研究所建在一片广阔的沙漠之上。那里有许多用泥土建造而成的圆顶屋，还有许多来自世界各地的老师和学员。我在温馨的氛围中受到大家的热情款待，感觉就像回到故乡一般。人们说说笑笑，递给我饮料和零食，等吃得差不多时，就往我手里塞了一把夯锤。

到那儿的第一天，我就接到了用夯锤夯土的任务。夯锤通常附在电钻上使用，可以对地基进行平整、夯实。可我手里这把是铁制的人工夯锤。你见过这么“体贴”的家人吗？让一个如此单薄瘦弱的少女挥舞一把十四公斤的铁锤？这像话吗？我握着夯锤硕大的把手，在沙土飞扬的沙漠上哑然失笑。

“我这辈子还没提过比铅笔重的东西呢！”

“那这次不是正好可以刷新纪录了吗？”

啊，言之有理。我用夯锤一遍遍砸向地面，暗下决心：“好吧，来都来了，不能这么畏畏缩缩的，那么娇气像什么样子。”既然拔了刀，至少要切根萝卜再走，这样才能不辜负自己远道而来学习的艰辛。于是，我手中的夯锤便停不下来了。

头几天，剧烈的肌肉酸痛让我连勺子也提不起来，我这才知道原来人体有这么多肌肉。虽然连放松肌肉的时间都没有，但大家都不以为意。现场的老师说，体力劳动造成的肌肉酸痛就得靠体力劳动来缓解。（一星期后，老师的说法得到了验证，身体状态果然如魔法般恢复如初。）

劳动是无尽的祝福。人工夯土只是开始。这里的建筑方式以充沛的体力为基础，很适合缺乏昂贵建材但人力充足的第三世界国家。因为一切都要视现场情况而定，所以所谓的自动化工具就只有混合水泥和泥土的搅拌机，之后那些重复的过程全靠人力完成。比如将泥土堆里的泥土铲到手推车上，然后把泥土装进土袋里，将一条条的土袋堆成穹顶形状，再用夯锤敲打等，这些步骤全都得靠双手完成。

试想，一周六天、每天八小时都在重复这些工作，身体又怎能不强壮呢？

在这里认识的学员全是来自世界各国的同龄人，但东亚人就只有我一个。在所有学员当中，我的年龄最小，体形也最小，我的战斗力却一点儿也不比其他人弱。毕竟我曾在“强者生存，弱者淘汰”的韩国上过高中，尝试过失败的滋味，还只身去了印度，是个名副其实的“狠人”。如果没了这股狠劲，我就是一具尸体，任何时候我都保持着和其他人一样的工作强度，争取不落后于人。

这是一段十分奇妙的经历。每天和一群年纪相仿的年轻人齐心协力地干活，只要短短几周时间，就能建造出一座圆顶屋。刚开始我还觉得这个活儿很辛苦，每天起床都特别困难，但到了后来，即便搬运一整天泥土也不觉得累了。不知不觉间，我和来自世界各地的青年共同成为这个研究所的一员，每天都会认真完成自己的分内工作。在使用工具、学习建房、贡献体力的过程中，我逐渐发现：

以前什么都不会的我，现在不仅能自己解决眼前的问题，还能亲手建造房子了。啊，原来我比想象中要强大，原来我是个无所不能的人啊！

四个月后，原本弱不禁风的我练就了一身钢筋铁骨，独自搬运一满车泥土也不在话下。看见我爬上建好的圆顶屋，拿着夯锤压实墙面，第一天来接机的老师发出感慨，说仿佛在看我的毕业典礼一样，不敢相信一个骨瘦如柴的小女生能成长成这样。我也跟着一块儿笑了，因为我自己也不敢相信自己的成长。

“正因为从未提过比铅笔重的东西，所以才不

知道自己可以这么强壮。”

到了晚上，我们围坐在篝火旁，一起聊天、唱歌、赏月。因为老师和学员中不乏嬉皮士，所以话题总是围绕着自然和动物展开。在夜幕降临后的寂静沙漠之上，听着间或传来的鸟鸣和拂过的风声，我们烤着篝火，有说有笑。和他们一起时，我感觉地球上的一切都变得特别了，包括悬在天上的月亮、噼啪噼啪的烤火声，以及坐在其间的我。如果没有去那个地方，如果没有遇见他们，我将永远无法体会这些感觉。

为期四个月的学习结束之后，我坐上了返回韩国的飞机，苦恼着该如何向父母说明这一切。为何好好的要辍学去嬉皮士们运营的土造房屋研究所，为何最后还是要偏离轨道……对于这些问题，我至今无法给出合理的理由，当时的我只能那么做，就算时间倒流，我也还是会做出同样的决定。

有时候，与社会认知相悖的事，

反而能让我们的人生回到正轨。

这大概也是为什么每次迷失方向之后，我还是会选择一条新的路吧。身为这样的子女，父母的那份心情我又如何能理解呢？借此机会，我想向一直在身后默默支持我的父母表达歉意和感谢。

“很抱歉让你们操碎了心，很感谢你们把我培养成人，我爱你们。”

改造庭院的血泪史

刚搬来时，宽敞的草坪和花坛、随处可见的白车轴草和三叶草，无不让我对这个美丽的庭院深深着迷。殊不知，只有精心拾掇后，庭院才会漂亮。处处都需要打理的院子，并不是任何时候都令人赏心悦目。稍不留神，像白车轴草这类杂草就会遍布整个草坪。别看它们长得可爱，繁殖力却恐怖得很。这庭院，真是一点儿也不让人省心。

这个地方的变化全看我的努力。可是初到乡下时，我却连这样理所当然的道理都不懂。究其原因，大概是我一直只知道享受父母提供的安逸，以及习惯了在社会上花钱买服务吧。

在这里度过的第一个夏天可谓毕生难忘。那些杂草就像披着可爱外衣的怪物，整个夏天我都在和它们搏斗。只要我一懈怠，它们就会以惊人的速度迅速占领我的庭院。如果遇上下雨天，那就更是雪上加霜，因为院子中央会积水，所以那里栽种的花花草草都免不了遭殃。

最后，我在夏天结束之际下定决心："我要重新改造院子！"

我家院子最大的问题就是"排水"。夏天只要一下雨就积水，应该是盖房子时土木工程建设没做好。换言之，就是要把院子里的土全部铲掉，然后铺上带孔的排水管，对排水系统进行重新修整。可是那么多的泥土，不铲上一百万次恐怕都铲不完。经过一番思考后，我决定动用挖掘机。但我做梦也没想到，这将拉开庭院改造血泪史的序幕……

虽然工程规模逐渐变得一发不可收拾，但我并不害怕。因为只要有挖掘机，几周的工作一天之内就能干完，而且施工那天，我还能动用“邻居”当我的免费劳动力。所以我胸有成竹地预约了挖掘机，还订了二十五吨泥土用来铺院子。可是，终于到施工那天时，我的免费劳动力，也就是我的亲妈，却借口有事，像阵风一样逃到了首尔。

“很抱歉，妈妈可不像你这么闲……好好干哦！”

这个叛徒！虽然我很抓狂，但已经没办法叫停了。挖掘机一天的租赁费也不便宜，我不能再花钱请工人了。事已至此，我只能靠自己。原以为挖掘机有师傅驾驶，我只要从旁辅助一下就行了，可没想到挖掘机挖过后还要靠人工来修整沟槽，所以我一刻也不停地忙着铲土，完全没时间伸直腰板。这么下去不会倒下吧？虽然我很担心，但也已经别无选择，既然开始了就要坚持到底。

施工的步骤如下：先把院子里的草坪全部铲掉，然后挖沟，等埋好带孔的排水管后，再把泥土盖回去，最后铺上准备好的泥土就大功告成了。虽然像挖沟和运土这种繁重的工作能用挖掘机替代，但很遗憾，铺排水管还是得靠双手完成。我只好走到沟里，用铲子抹平墙面和找平地面，然后亲自铺设水管。

不知过了多久，我想应该快结束了吧，可是在挖最后一条沟时，挖掘机竟然挖到了水管管道。在铣刨头巨大的冲击之下，水管管道最终不堪重负爆裂了，我家断水了。我到底在做什么啊？我开始自我怀疑。但事已至此，我已无法回头，死也要干！

待我修好水管和埋好排水管，已经是几个小时后了。看着被挖开的院子，尽管我已经累得灵魂出窍，但还是无法放任不管。所以我很快又开始铺泥土，可是泥土居然不够用。真是的，就没有一件顺心事。先是妈妈开溜，然后是水管爆裂，现在泥土又不够……面对这一连串令人难以置信的现实，泪水模糊了双眼。但有什么法子呢？都到这一步了，只能硬着头皮走下去。

不够的部分我就用沾在草皮底下的泥土来填补，一块草皮大概是五公斤重。虽然我的肩膀疼得像脱臼一样，但为了院子地面的平整，我必须得这么做。完成这些工作后，我归还了挖掘机。这时已经是晚上八点多了。

这天没有一件事是按照计划进行的。但不是有句话叫“百闻不如一见，百见不如一干”吗？听别人讲一百遍，不如自己去看一次，在这个世界上，有的智慧只有亲身经历过才能成为自己的。

经过今天，我知道了挖掘机不能完全替代双手干活，美丽的庭院需要投入许多精力去打理，如果不肯付出、不愿倾注心血的话，任何事物都将难以维持现状。在这个地方，我重新学到了许多不亲身体会就无法领悟的道理，它们虽然简单，却不容怀疑。

那就再来一次！

我家的占地面积为九百九十平方米。这片宽阔的土地一到夏天就会被杂草覆盖。虽说世界上没有无用之草，但如果你目睹了夏天的杂草，你就说不出这种话了。我没有信心每年夏天都能战胜它们，所以我制订了特殊的作战计划，目的是修筑一条可以一劳永逸的小路。

其实最简单的方法就是浇上水泥。可如果全部浇成水泥的话，那不就和铺满沥青的城市没分别了吗？如果希望庭院里一棵草也不长，那又何必来乡下过田园生活呢？

所以我订购了漂亮的砖头代替水泥。因为没法人工卸砖，所以我又租了一台叉车。买砖头的费用，再加上租赁叉车的费用……我可是下了很大的决心，所以当我看到叉车上满满的砖块时，感觉它们就像金块一样。一想到家门前即将有条砖头路，我心里就乐开了花。那时我还不知道，砖头路并不会自己铺好等着我。

施工要从地面找平开始。如果地面不平整，铺上去的砖路也会凹凸不平，所以要先铺一层细土进行找平。于是我订购了砂土用来找平地面，它是混有粗沙的泥土，能有效改善地面平整度，而且排水性能好，很适合用作填筑砖路的地基。

不久后，装着二十五吨砂土的货车来到院子，卸下巨大的砂土堆后就离开了。要是这堆砂土像精灵一样有魔法就好了，真希望它能自己散布到院子各个角落，但这种事当然不可能发生。我还是得靠自己把砂土装到推车上，然后运到想要铺路的地方。

要说这项工作的辛苦程度，大概就相当于用筷子把总共十公斤重的豆子一个个夹进碗里。要知道土还比豆子重多了呢。我爬到砂土堆上，把它们铲到推车里，往复几次之后，我的手臂、后背和腰，没有一处是不酸痛的。但我最好是赶紧适应这种疼痛，毕竟在乡下这种地方，挖土就跟盛饭一样稀松平常。如果不习惯挥铲子的话，受苦的只有自己。

终于完成地面找平之后，我准备开始铺设穿过庭院的砖头路，可一看，砖头怎么那么多啊，而且好像还挺重的呢！但购买砖头和租赁叉车已经让我大出血了，我不能再请人来帮忙了。碍于空瘪的钱袋子，我只能自己动手。不停的搬搬抬抬让我浑身酸痛、头脑发涨。当我觉得自己的处境很凄凉时，我就会给自己洗脑：只要把它当成一年的运动量就好了，反正运动后的肌肉酸痛和这差不多……

砖块铺齐后，经过不断捶打和地面找平，一条漂亮的砖路就完成了。自己动手能做到这种程度已经非常像样了，一股欣慰之情油然而生。我激动地看着自己的作品，然后突然意识到一个问题——我忘记在砖块下面铺塑料膜了……糟糕！

如果砖块底下不铺一层塑料膜的话，杂草很快又会从缝隙里钻出来。就是为了歼灭路面上的杂草，我才决定重新改造院子的，可现在不就功亏一篑了吗？这个惨痛的教训如同一记重重的耳光，但我并没有因此气馁。既然错已酿成，那就从头来过吧。

既然做了一次，就能做两次。

所以不要犹豫，再来一次吧！

小时候我很喜欢玩乐高。如果拼了一会儿觉得不喜欢了，就会全部拆掉重新来过。那时我很喜欢这个游戏，长大后却觉得这个过程越来越枯燥。比起一次次的重建，我更希望一次就能拼出完美的作品。反复的过程被认为是浪费时间，只有动画里的小青蛙才会七次摔倒又七次爬起。所以长大后，我不再做无法百分之百保证成功的事。

例如，我不会将全部精力投在一件不确定能否成功的事上。比起花费时间在我没信心的科目上，我更倾向于考前临时抱佛脚。万一考砸了，也可以说是我没有努力学习，而不是因为我没有能力做好。我觉得这种“精神胜利”来自我的完美主义倾向。以前也听一位心理学家说过，我认为这种说辞听上去酷多了！即便失败了，也不是因为我的不足，而是因为我没有努力和用心，因此它不会对我造成伤害。

“不行就不行吧，反正也不是什么要紧事。”

这种想法可能没有意义，但足以用来保护当下的自尊心。因此在很长的一段时间里，我选择了用不努力的方式来维护自己的自尊心。

但来到这里之后，我逐渐发生了改变。我意识到，做错了可以想办法补救，失败了也可以再次挑战，这比因为害怕而不敢踏出半步要强上百倍。

重要的是要理解人生是一个过程。小孩学步时要经历无数次跌倒和爬起才能迈出第一步，更何况是大人呢。摔倒七次再爬起来七次，人生就是在这样的过程中不断前进。

不管是奔跑、行走，还是跌跌爬爬，
只要不是原地踏步就行，
这不就是过好人生的方法吗？

爱上一份不赚钱的工作

“孩子像我，一定是个天才。”

刚出生两年，我就能在大人面前演唱《萤火虫》《爱》《世界是西洋镜》等五十多首流行老歌，因此总被夸赞是天才。妈妈说小时候的我多才多艺，尤其在画画方面很有天赋，每天背着画板到处走，随时随地画画。长到四岁时，“小天才”已经能准确描述出蹦蹦跳跳的袋鼠形态和“重心”这些词了。如果放在今天，大家可能会提议我上《英才发掘团》[1]

1 韩国 SBS 电视台播出的综艺节目。

《瞬间捕捉世界有奇事》[1]这类节目吧？当时妈妈被称为“佳永妈妈”，而我则成了一个传说。

我以为自己会一直这么受表扬下去。可随着年龄的增长，情况开始发生剧变。我早已习惯了得到大家的支持，可到了穿校服的年纪后，所有人都持着客观的评价标准。我到了一个不能肆意挥霍时间的时期。无论是我擅长的事、曾经受到表扬的事，还是我喜欢的事，只要和前途无关，就再也得不到支持了。

“这对高考有帮助吗？以后能靠它挣钱糊口吗？”

随着越来越多人讲究投资回报，只有十四岁的我也不得不选择专注和放弃某些事。

我一直不确定画画对我而言是前者还是后者。当时因为爸爸在海外工作，我也跟着去了比利时

1　韩国 SBS 电视台播出的综艺节目。

上国际中学。妈妈说既然这么难抉择，那就好好学一学吧。然后，我平生第一次敲开了美术培训班的大门。在这个乡村培训班里，坐着五六个说着外国话的老师和学生。这一切都是命运的安排，在那里我遇见了真正的天才。

虽然我早已忘了他的长相和名字，但我还记得他用彩色蜡笔画了一匹狼。那幅画给了我很大震撼，很难相信那是出自一个孩子之手。

看到大家惊叹不已的神情，我心想："连在这里我都当不了第一，更何况去到外面广阔的世界呢？"

在那狂妄的青春期，我留下了一句"名言"——不玩没把握的游戏，然后放弃了画画。

我将画画之类的抛诸脑后，长成了一个大人，并且投入音乐的学习当中，后来从韩国到印度，再到美国，在那些忙忙碌碌的日子里，我再也没画过一张画，也从未想过还会踏入画画的世界。直到二十六岁的某一天，同一个工作室的姐姐忽然问我：

“我们那个插画师活动正在招新，你要不要申请试试？”

那个活动是一位著名插画师免费开设的专门课程。不仅不收学费，而且老师还是在插画界留下重要一笔的大师级人物！虽然我已经十多年没握过画笔了，但万一申请上了呢？我抱着侥幸心理挤入现役画家们的竞争队伍，将几张画作夹入申请书提交了上去。

其实这种想法无异于幻想中彩票。命运却仿佛在和我开玩笑！我平平无奇的画作竟然通过了第一轮筛选。在接下来的第二轮面试中，我也奇迹般地冲破了极低的通关率，正式成为其中一员。这种是不是就叫“命中注定”呢？

刚开始因为忙，我参加频率并不高，但在那里认识的学员和老师都很好，所以一直坚持了下来。经过反复练习，我渐渐地又找回了握画笔的感觉。我再次喜欢上了画画，而且非常乐在其中。这让我意识到原来自己并没有放下画画。我自以为十年前就已经熄灭的热情之火现在重燃了。

画画在我生活中的占比越来越大。随着投注的时间越来越多，实力也日益增长。这时，我产生了想要以画画为业的念头。我开始到处打听绘画方面的工作，得到的回应却很冷淡。

“你的专业是哲学和英语，怎么跑去画画了？喜欢的事当作兴趣就好，不能当成职业。”

可我这个人本来就不爱听别人的建议，所以这些忠告我根本听不进去。不管别人怎么说，我都照样背着我的画板四处晃荡。如果我能够不顾众人反对，最终成为一个画家那该多好啊……但现实比想象残酷多了。世界上多的是比我有天赋、比我有热情、比我更努力的人。想靠画画为生，注定少不了竞争，可是在这一行，我的存在感甚至还比不上一粒尘埃。阵阵焦虑涌上心头。无论如何都要想办法缩小这巨大的差距。

于是我又一次订了机票。在前往英国的飞机上，我坚信此行会成为我人生的答案。我不断告诉自己，只要留学回来，差距就会缩小，实力也会有所提升……

但人生不如意事十之八九。尽管我豪情壮志地奔赴英国留学，但单看结论的话，几乎可以说是失败了。我未能像漫画里的主人公那样遇到了不起的导师或是有一番大彻大悟，也未能发现自己有什么新的天赋。最令人沮丧的是，我的画画水平和留学前并无太大区别。不过我在那里倒是领悟到了一点：能走向广阔舞台的人都是非常自信的人。（然而现在我找不到任何自信的根据了！）

就算实力不足，他们也在一直坚持创作。无论别人说什么，他们只管画自己喜欢的东西，不和别人比较，不追求别人的认可，也不强求出人头地。他们只是在自己的世界里创作。其实他们的现实生活并不见得比我好，他们也会有许多烦恼和担忧，同样会面临经济上的压力。和我不同的是，他们只专注于做自己力所能及的事情，不会过多地担心力所不能及的部分。这是他们和我的区别，也是为什么我连开始都没勇气的事，他们却能无所畏惧地坚持下去。所以，我决定向他们学习，专注做自己力所能及的事。

喜欢画画，那就画下去，

这就够了。

偶尔会有人问：把爱好变成职业是不是件很幸福的事？但其实，选择把爱好变成职业的人比想象的更容易遇到瓶颈。这可能是因为我们都习惯了只往高处看吧。当我觉得自己是只井底之蛙时，当我感到大千世界人才济济时，当我先对自己下定义时，喜欢的事就会变得令人生畏、难如登天。所以每当我觉得自己很渺小、很微不足道时，我都会不断提醒自己：这个世界上有两种人，其中特别的人占百分之一，而剩下的百分之九十九都是平凡的人。如果说前者决定了世界运行的方向，那么推动世界朝那个方向前进的则是剩余百分之九十九的人。

我们不必非得成为什么大人物，

即便不是主人公，

我们也可以是非常有意义的存在。

即便不完美、不特别、不出众，也没关系，只要在自己的世界里做好自己的事情，只要按照自己的步伐成长就行了。只要坚持下去，到了人生的尽头总会抵达某个地方吧？就像世界上所有走在前头的其他人一样。

第3部

不亲自走过 就不会知道

生平第一次农耕，又怎么可能会成功？

在乡下生活了一年后，我决定下地种菜。如果不能自给自足，又算什么真正的农村生活呢！说实话，对于农活，我完全是个门外汉。除了知道庄稼长在地里以外，其余的我一无所知。就连在葱价暴涨和大葱栽培技术盛行的那段时间，我也没想过要买一个花盆回来。这样的我却选择了归农，还拥有了三百三十多平方米的农田和大棚……反复尝试和摸索可以说是必然的过程。

归农第一年，我如同新手报到一样，开始在大棚里种些相对熟悉的蔬菜，比如葱、羽衣甘蓝和生菜。即便栽培者是毫无经验的小白，大棚里的蔬菜也能茁壮成长。“第一次就能种成这样，还不错嘛！”然而没开心多久，我人生第一次栽种的蔬菜便惨遭虫害。明明几天前还很新鲜的叶子突然间爬满了虫子，我不禁手足无措。

我寻思可能是营养不足，便加大了施肥力度，谁料用量过猛，叶子全都枯黄了！最后竹篮打水一场空，第一年的耕作以颗粒无收告终。

到了第二年，我还是选择继续挑战。我想今年一定会有所不同，毕竟在乡下也生活了一段时间，之前又吃过一次教训，而且我还在 YouTube 上看了视频学习。至少在心里我认为自己是一个合格的农民了。我满怀信心，决定将大棚和院子一角打造成菜地，幻想着自己这个新手农民能卷土重来。然而我并不知道还有怎样的灾难在等着自己……

种菜其实并不难，但不是因为我有天赋，而是因为有前人日积月累的种植经验。新手只要跟着他们的步伐走就行了。

在前人发明的一堆种植工具里，最让我惊喜的工具之一是“塑料膜”。以前我还以为它只是用来覆盖泥土或是告诉人们这里是菜地，后来才知道它的用途相当于游戏里能无限放大体能的魔法药水。先挖沟，再盖膜，然后打孔、种植幼苗，只要浇一点点水，幼苗就能靠着塑料膜上结的水珠自己生长。换言之，只要栽种下去，它就能自己长大！这么划算的好事，我好像还没遇到过吧？我用这种方式种了西红柿、茄子、芹菜、辣椒、灯笼椒、青椒、卷心菜、西蓝花等的幼苗。

继塑料膜之后最能打动我的是“绑蔓机”。像辣椒、西红柿、灯笼椒这类农作物的茎蔓比较细，以前需要用绳绑在支架上固定，但现在这项工作可以借助绑蔓机轻松完成。绑蔓机里有绑带和订书

钉，只要按一下就能完成捆绑。这个只要一万元的机器竟然这么神通广大……如果靠手工捆绑的话，不花上几个小时都做不完，可现在只要短短几分钟就能搞定，这农业技术发展带来的便利，实在是让人不得不佩服啊！

然而世事难料，正当我准备收工回家时，才发现订书钉全都打反了，应该是装订书钉的时候放反了。如果放任不管的话，风一吹，那些绑带就会松开……这该死的玩意儿，装反了不是应该按不动才对吗？怎么还会按得如此顺手……本来还很高兴几分钟就干完了活儿，谁知却是成事不足，败事有余……

虽然应该重新装订一遍，但我决定先不管它，等被风吹开时再说。再来一遍的话太费绑带和订书钉了……于是我的半个菜园子就这么马马虎虎地收尾了。

虽然现在半边菜园种上了农作物，但我还有另外半边菜园。剩下那一半菜地的情况比较凄惨，如果要在这片又干又硬的土地上种菜，就必须先用镐头翻地松土。但我不敢轻易尝试，因为这活儿真的会让人累到爆粗口，可能地还没翻好，我自己先累翻了。我陷入深深的苦恼：是再次求助于文明的利器呢，还是坚持靠人类的力量呢……最后我自然是选择了借助机器的力量，因为现代人的精髓就在于善于利用文明的利器。

我订购了一台松土机。它自带犁刀和犁耙，可以将硬邦邦的土壤翻松耙散，开沟起垄，能有效改善土壤，有利于农作物生长。型号不同，其功能和用途也千差万别，我挑选了一款适合我家菜园的小型机器。这个型号比较便宜，是从网上购买的组装式产品，然而它的使用说明书形同虚设，所以我只能自己摸索着安装配件。

虽然我也想过它会不会用着用着就突然解体，

但管不了这么多了，见招拆招吧。组装完成之后，再加上机油和汽油就算准备完毕了。

“轰隆隆，嗡嗡……”

我满怀期待地启动引擎，机器却无法正常运行。又试了几次，还是打不着火。我打电话给产品客服咨询，最后发现是机油的问题。原本只用加蚂蚁尿那么点就够了，我却一下倒了五百毫升进去。难怪机器把机油又全给吐出来了……

这下可好，刚买的松土机还没开始用就坏了。一想到还是崭新的机器就要拿去修理，我心里便不是滋味，可有什么办法呢？只能当作新手小白的一次试错经历呗。

第二天，机器修好后重新回到我的菜地里，现在只要开地就行了。如果能像赶牛一样从容地驾驭这台机器就好了，可是这次也未能如愿。松土机比想象的要沉，而且像头疯牛般不受控制。要是推把手吧，它就会向前狂奔；可要是不推呢，它又会一头栽进土里。总而言之，如果不使点劲好好控制，机器就无法正常前进。

我买这台机器明明是为了让身体少受点儿罪，可如今它竟然想要我半条命……虽然和我的期待背道而驰，但现在后悔也来不及了。我已经花了四十万买这台松土机，因为修理过，现在也不能退款，只能硬着头皮用下去。待这台机器拼尽全力翻完地、尽完它的本分之后，我就立马把它扔进了仓库。

看着历经千辛万苦才翻好的菜地，我不由得湿了眼眶。过去荒废的这片土地现在可以栽种任何东西了。我在这宝贵的土地上挖了地垄，铺上塑料膜，种下幼苗。这块地主要种玉米和地瓜。虽然辛苦，但只要想到几个月后就能吃上大概五千个地瓜，我的内心就抑制不住一阵激动。

生平第一次尝试农耕，感觉真的很奇妙。只要挖地、铺塑料膜、种植幼苗就行了，不必为了结果而拼死拼活。哪怕只是少许的热忱、偶尔的照看，也能获得无与伦比的回报。世上还有这种单方面的好事吗？而且在这不平等的关系中，受惠的人永远是我。我不需要追逐和耗费心力，大自然也一直在无私奉献，所以大家才把大自然比喻成母亲吧。在这里的农耕生活，虽然身体会忙碌些，但心灵是闲适的。

从前因为忙于生活而忽略了大自然，
如今回到大自然后，
我才找到了属于自己的节奏。

啊，真是的！种下幼苗之后，才过了两周地瓜就全部枯死了。我还以为自己能成为“地瓜大亨”呢……到头来却是一场空，看来在乡下成为富豪是没戏了。

资本主义的甜蜜诱惑

几个月前我收到了一条短信。

“我是金社长，我们公司正在招组长，您要不要来试试？”

无论怎么看，这都是一条“挖人”信息。几个月前还一起工作的老板突然给我发来短信，居然让我这个已经抛开名与利回到乡下的人回去上班。虽然我很感谢还有人需要我，但我已经离开了那个地方，并且选择了一条自己成为主人的路，所以现在让我回头已经太迟了。

“很感谢您的邀请，但恐怕要拂了您的好意。”

我郑重地谢绝之后，金社长表示很惋惜。

“如果是对年薪不满意的话，您看看这个数怎么样？”

我抱着坚定的心情，正准备回复：“谢谢您的好意，但我已经不会再为金钱动摇了！”可是，当我看完后面的信息之后——哎？等等，是我看错了吗？我又看了一眼上面的数字。我从个位数开始反复数了几遍，确认自己没有看错后，抬起头问坐在一旁的妹妹：

“要不我重新回去上班算了？”

这个金额已经超出金钱的“诱惑”，应该能算作“天降横财”了吧。这么一想，我突然开始美化过去。在金社长手下工作的那段日子好像格外地不愁吃穿……回想起来，那劳碌工作的日常好像也没那么糟。而且社长懂得替他人着想，在他手下工作起来比较轻松。是啊，这么宽容的老板上哪儿找呢？能做到好聚好散的话，就算重回他手下当个勤勤恳恳的员工似乎也不坏。

“啊，那我要暂时放弃现在的生活吗？也就是说，我把这个家交给父母打理，然后重新回到城市？”

虽然我为这个家和这里的生活付出了很多心血，但现在还是从根基上开始动摇了。让我如此轻易转变态度的罪恶之源，就是金钱。虽然很惭愧，但我确实是金钱的奴隶。

朋友们都说我活得很有主见。但这话只说对了一半。只要下定决心，我就能顽强地推进下去，并且咬牙坚持到底。即便是这样的我，也会有被劲敌打倒的时候。那个劲敌就是金钱。

如果说是受到了资本主义社会的洗脑，或许还能挽回点尊严，但坦白说，我从小就很喜欢钱。也没人教我，但我从小就像蚂蚁一样一点一点地攒钱，连妈妈看了都觉得神奇。朋友们收到压岁钱后都拿去买零食和玩具，我却在老老实实地存钱。看见存折余额一点点增多，我的内心别提有多满足了。在这平淡无奇的日子里，我的人间天堂不是马尔代夫，而是存折里的余额。

但让金钱真正变得有意义的，是能在有需要时立马取出来用。我觉得这才是金钱最美妙的地方。举个例子，上小学低年级的时候，同学们送给妈妈的生日礼物都是“跑腿券”，我送给妈妈的却是一个八万块的葡萄形水晶胸针（可能因为当时太感动了，妈妈至今还会时常提起这件事）。当我想为我爱的人做些什么时，能毫不犹豫地拿出钱来，这是一件超乎想象的开心事。就这样，钱让我成了一个孝女，也让我成了一个“别人的好朋友”。

于我而言，钱就像一个“柿饼盒子”。馋了就拿一个出来吃吃，这样一天的幸福感就提升了。不仅自己吃，我还会分给我爱的人一起吃，有时也愿意和陌生人一起分享。品尝过那甜滋滋的味道后，我就会特别注意不让盒子空着。拿一个出来后，又赶紧补一个进去，这样心里才踏实。于是，我发现自己越来越不满足了。

这么美味的东西难道不是多多益善吗？
真希望自己有很多很多的钱……

进入社会之后，我发现金钱的威力似乎比想象的还要大许多。好像用金钱什么都能买到，夸张点说，好像连幸福和未来也能买到似的。我一直以为自己充分地了解了金钱的重要性，可原来并非如此。该死！我还得对金钱更上点儿心才行。

“我想花更短的时间赚更多的钱。”为此，我想到了一个最快捷，而且最简单易行的方法，就是贩卖自己那廉价的劳动力。只要一股脑地投注体力、热情和时间，就算当不了富豪，也能累积到平均水平以上的财富吧？

为此，我二十五岁以后的时间全都花在了赚钱上。有了目标以后就勇往直前的拼劲在这方面也体现得淋漓尽致。一天二十四小时里，工作占据了十八小时，其余时间则花在了股票和虚拟货币上。我的存款渐渐有了一定规模，如果再坚持一下，说不定我就真能变成一个有钱人。

然而一切都是有代价的。不知从何时起，我开始浑身不舒服。一点鸡毛蒜皮的小事就能把我激怒，一天的心情就跟过山车一样起起落落。我这是怎么了？

不知不觉间，我成了一个不幸的人。我的银行账户原本是我的小小港湾，但现在它已经无法给我带来任何慰藉了。无论上面的金额显示多少，我的

脑海里都只有一个念头："怎么才这些啊？"

细细一想，都是赚钱惹的祸。是啊，在这个没有免费午餐的世界，赚钱又怎么可能没有代价呢？为了赚钱，我付出的代价是我的人生。金钱正在吞噬我的生活。当初我是为什么想要装满柿饼盒子来着？为什么会为了它不惜累弯了腰？虽然我一直努力不让柿饼盒子变成一个空盒，到最后我却不明白人到底是为了什么而存在。这不是本末倒置了吗？为了找回丢失的主导权，让我的人生恢复最初状态，我来到了这里——乡下。

我们都知道，人生无法预见下一刻会发生什么，我们拥有的只是当下这一刻。即便知晓这个道理，我们却还总以为自己的人生会一直这么下去。而且像“明天的幸福”这些东西，明明谁也无法向我们保证。

所以我离开了城市，决定活在当下。因为我认为在这一刻，能以最幸福的方式不遗余力地生活，便是过好人生的最佳方式。我费了很长时间才明白这个道理，现在却又差点儿重回旧路……仿佛生怕别人不知道我是健忘的动物。人类的记性真是不靠谱啊。

最后，我拒绝了金社长的提议。随着年纪的增长，我渐渐发现以前认为对的事现在不一定对。虽然我一度认为金钱大于一切，但现在我会把自己和人生放在首位。现在对我来说，比金钱更重要的是拥有自主自由的人生、宁可遗憾也不要后悔的人生。为此，哪怕稍微偏离社会既定的成功轨道也没关系。

坚持走自己的路是一件非常困难的事。因为所有人都会否定你，告诉你走错了。即便有一天你不想待在原来的轨道上了，你的耳畔依然会不断响起那些话。每当你想朝着梦想的生活出发时，它们就会成为鞋子里的小石子硌着你，让你无法轻易迈出脚步。每次遇到这样的瞬间，我也一样会踌躇，但最终我还是会选择脱下鞋子，把小石子倒出来。

痛苦和犹疑都是很自然的事，不够坚强也没关系。碰到困难时，只要把心里的小石子倒出来，然后继续走自己的路就好了。即使不够强大，也能足够幸福，这就是人生。我在乡下生活的每一天都在印证着这句话。

三十多岁，正是落单的年纪

许久没参加婚礼了，新娘是小我四岁的堂妹。在整个家族中，我是我们这一辈最年长的孩子，结果来参加比我还小四岁的堂妹的婚礼……说实话，我并不觉得这有什么不好意思的。就像死亡没有顺序一样，结婚也没有先后之分。比起堂妹结婚这件事，更让我震惊的是新娘休息室里络绎不绝的宾客。本以为大部分是父母的朋友，可没想到他们几乎都是新娘的朋友！一个人竟然能有这么多的朋友……我不由得感叹新娘的日子过得真好，并开始反思自己“独行侠”般的人生。或许是没有可邀请的朋友，结婚才成了一件难事吧？当然，今后会不会出现一个我想要共度余生的人也还是个未知数。反正就这样吧。

是的。迈入三十岁的我，几乎没有朋友，不知怎的就活成了一个独行侠。小时候也挺合群的，还有过三两个好朋友，但这些都成为过去了。现在的我，说好听点是特立独行，说白了就是格格不入。但说实话，我不觉得这有什么可焦虑的。随着年龄的增长，不单单是我，其他人的圈子也一样会越来越窄。

年纪越大，越难维系朋友关系。三十岁以后还能有一两个真正的朋友，我觉得是件很了不起的事。成人世界的人际关系就像一片汪洋大海，而学生时代的人际关系则如同一摊水洼。在小小的水洼里，三五成群的小蝌蚪们总会有许许多多的交集。相互访问个人空间、听一样的音乐、追一样的剧，就连升学的烦恼也是一样的，所以一整天都会有聊不完的话题。那个时候只要待在一起就能成为朋友，比起相互间的差异，我们更看重的是共同点。

那时，我以为他们会是我一辈子的朋友，并且相信电影、电视剧里那种深厚的友谊也会发生在现实生活中。但高中毕业后，我先后去了印度和美国，然后回到首尔，后来又去了英国，漂泊的生活让我领会了一个道理。

人生漫长，人总是会变的。

长大之后，各自的世界变宽广了，学生时代的交集渐渐消失。除非继续在同一领域学习或者从事同一行业，否则很难了解彼此的日常。要是对方还结了婚，那我这个未婚人士能和她们聊的话题就更少了。她们最热衷于聊自己的孩子，可我自己都还是我们家的孩子呢。到现在我都觉得还是吃喝玩乐的话题最有意思。

是啊，我们的身份已经大不一样了。我无法百分之百对已婚朋友的烦恼产生共鸣。同样，她们也会认为我这个未婚人士的烦恼很奢侈。她们只会说：既然如此，你还不如嫁人呢。而我只会说：既然如此，干吗要结婚呢？我们的对话就像两条永无交集的平行线。

也许你会说：那找没结婚的朋友聊天不就好了吗？可是就算没结婚，也未必都能聊到一块儿。因为工作、圈子和生活方式发生了变化，所以我们不再像高中时那样有那么多的共同话题。朋友无法理解我在画画这一行的艰难，我也无法理解人际关系带给朋友的痛苦。

因此，听对方诉苦就成了一件折磨人的事。有时感觉就像是硬着头皮在听课一样煎熬，中途还不能打瞌睡，不能走神……表面上我在卖力地附和对方，心里头却在苦苦哀求着：放过我吧……

由此可见，在成人的世界里，维持关系是要付出时间和努力的。“这个人是否值得我付出宝贵的时间？”在思考这个问题的时候，脑海里的算盘已经在高速运转了。因此人际关系一直是让我头疼的问题，完全不想面对。随着年龄增长，虽然也练就了一些交际能力，但天生内向的性格让我在与人相处时总有种被榨干的感觉。共情只是表面的，藏在人际关系里的优越感和自卑感、毫无尊重和体恤的态度，都让人感到无比心累。它们就像毛毛雨一样，偶尔淋一下并无大碍，但长此以往地淋肯定会生大病。

但有什么办法呢？

这就是人际关系。

如果不想被毛毛雨打湿，那就躲到一个不下雨的地方吧。所以，我来到了乡下。偶尔碰见村里的老人，只要微微点个头问好就够了，这种距离的关系让我的内心重新变得舒爽起来。时间久了之后，我可能又会突然怀念和人打交道的日子。这种时候，我会毫不犹豫地回到城市见见人。久违的毛毛雨湿润了我的内心，时不时感受一下，竟然还有些浪漫呢。“是啊，人类真有意思。”我一边想着，一边兴奋地聊着天，甚至开始感激自己还有为数不多的相识，不过到最后我还是会想念我乡下的家。

“啊，太累了，赶紧回去吧。”

不管什么样的浪漫，偶尔感受一下就够了。

能共度一生的人少之又少，因为我们每个人身上都有自己奇怪和特别的地方，我也不例外。在这

彼此彼此啦……

个相对的世界里，我们都可能成为打湿别人的毛毛雨，所以何必去纠结谁才是真正不可理喻的人或者谁才是真正奇怪的人呢？如果我们看到的世界是方的，那可能是因为我们的视线是方的；如果觉得与人交往越来越不自在，那可能说明自己正在成为一个让人不自在的人。

在众多形状各异的拼图中，纠结哪块才是正确的毫无意义，我们只能适当地看开些，然后承认和接受彼此的不同，就像以前和所有人都能打成一片的单纯的学生时代那样。这样至少能实现和睦相处的生活吧？当别人走近时，就算无法成为他的朋友，也能当一个友好的人。反正是一个人来一个人走的人生，这种程度应该算是个挺不错的目标吧？

就这么变老了

不知从何时起，我便不再记自己的年龄。现在也没人会再问我这个问题，而我本身对年龄也不太感冒。因为我知道无论年纪大小，重要的终究不是外在，而是内在。要了解一个人，年龄无法成为衡量标准。

所以计算年龄对我来说就成了一件毫无意义的事。无论对方是长辈还是晚辈，我都是一样的态度。对待奶奶们就像对待朋友一样有说有笑，对待弟弟妹妹们同样也像对待同龄人一样。大概是因为国外那段语言不通的日子，让我知道了沟通和年龄、国籍无关，只要真诚就够了。面对长辈时，我们无须感到压力；对待晚辈时，我们也不能目中无人。“让我们手拉手，打破隔阂的壁垒！我们都是朋友！”这是我一直秉持的态度，所以年龄对我来说真的只是一个数字而已。

但是忘记年龄会带来一个问题，就是对精神和肉体会出现认知偏差。虽然我总是忘记自己的年龄，我的身体却从未忘记衰老。身边的人总会提醒我，我的肉体正在衰老。

“你最近看起来很累,是有什么不好的事吗？”

进入三十岁以后，经常会有人问我是不是很累。虽然有时的确如此，可是在我状态极佳时还是会有人这么问。后来实在是被问烦了，只要听到这样的话，我就想送他一拳。即便精心化了妆，我也无法摆脱被问的命运。直到这时我才意识到，原来倦容已经成了我的常态。不久前还好好的，可是突然之间就有了种饱经风霜的感觉。事到如今，我也怨不得别人对我的关心和慰问了。毕竟他们和我一样还没适应我的衰老……

并且随着年纪越来越大，我逐渐发现了一个事实，衰老不仅仅是气色的问题，我的身体也开始越来越差。在二十九岁的年纪，我就已经意识到了这个令人痛心的事实。虽然俗话说“逢九是个坎”，但我一直认为这是迷信之谈，还时常嗤之以鼻。可谁能想到一到二十九岁，我就真的开始经常生病。真是见鬼了。

但我之所以会经历二十九岁这个坎，与其说是超自然现象，不如说是因果报应。在即将迈入三十岁之际，前面三十年积累的不良习惯就像回旋镖一样飞了回来。此前一直被忽视的身体开始展开报复，仿佛想让我尝一尝恶果。

几年来我一直坐在电脑前工作，一坐就是一整天。如此日复一日，屁股终于受不了了。因为久坐导致下半身血液循环不畅，所以我的屁股——而且还是在难以启齿的部位长了一个脓疮。刚开始我还不愿意去医院，但后来实在痛得厉害，我也就顾不上什么羞耻心了。我不仅主动上医院，还央求医生当场给我做手术，所以你们能想象我承受了多大的痛苦吗？

到医院后，医生说："啊，这可如何是好？这个点麻醉科的医生都下班了，今天做不了全身麻醉了。局部麻醉虽然还能做，可是手术进行中麻醉有可能会失效，因为局部麻醉不能打太多。万一失效了，您能忍受吗？"

医生的一番话让我心惊胆战。即便如此，我还是不肯改口说明天再来。哪怕要忍受皮肉烧焦的剧痛，我也要立刻把脓疮从屁股上弄掉。所以我决定接受局部麻醉手术。

我趴在冰冷的手术台上，被注射了第一针麻醉剂，随后一阵烤鱿鱼的焦味飘了过来，去除脓疮手术开始了。一想到终于能摆脱这魔鬼般的玩意儿，我心里就一阵激动，但没过多久，屁股上就传来一阵阵剧痛。麻醉失效了。这时手术才刚进行十分钟。虽然医生早已提醒过我局部麻醉会中途失效，可这也未免太快了吧？虽然我很想让医生马上给我注射第二针，可也要医生肯才行啊……刚开始就全部注射完的话，后面的时间又该怎么熬呢？别无他法，只能咬紧牙忍一忍。

我就像古装剧里被烙铁折磨的囚犯一样，咬紧牙关强忍着皮肤被灼烧的疼痛。护士说从未见过这么能忍的人。多亏了这个脓疮，我发现了自己潜在的本领。如果在情报机关工作，就算不小心被敌国抓走了，也不用担心我会泄露国家机密。

这场手术一共只做了三次局部麻醉，最后总算在泪水中结束了。我的屁股上留下了一个像被勺子挖过般的洞，虽然等它完全长好需要一个月的时间，但谢天谢地，好在伤口不疼。我发誓再也不要和这该死的脓疮打交道了。

可是天意弄人，我未能坚守住自己的誓言。过了不久，脓疮复发了。即便做了第二次手术，它还是阴魂不散，很快又缠上了我的屁股。最终是在韩医院[1]做了两周针灸，同时喝中药治疗，才总算得以根治。

受了这么多罪后，我的身体变得十分敏感。别说熬夜了，就连久坐也不太吃得消。我开始注意饮食，加强锻炼。不是为了苗条，而是为了保命。如果不这么做的话，我的身体不会放过我。

我就这么接受了岁月的洗礼，而且还是非常深

1　韩医学是在古代中医的基础上，根据韩国的风土、气候，以及韩国人的体质发展而成的韩国传统医学。韩医院基于韩医学的诊断方法来进行治疗。

刻的洗礼。我现在可以理解那些把“想当年”挂在嘴边的老人了，因为逝去的韶华总是灿烂的。可无论怎么感伤流逝的青春，我也不想再回到过去。

因为一路来的收获，
终究不是平白无故获得的。

现在的我比以前更清楚什么更重要。年纪越大，精力越有限，我开始减少做没用的事，把精力集中在重要的事情上。当我按照优先顺序支配精力后，人生开始变得精简干练，成就感满满，就像是掌握了一门把精力巧妙运用到刀刃上的本领。

长大后，挑食的毛病也有所改善。以前不爱吃茄子、蘑菇、西蓝花这些我认为难吃的蔬菜，现在却喜欢了。虽然是因为身体日渐虚弱，需要新的养分来支撑，但无论如何，我从原来那个挑食的孩子长成了一个饮食均衡的大人。

最重要的是，我还收获了一些生活的智慧。我再也不会像以前那样在进行二手交易时上当受骗了。成为大人后，我不仅更加细心，还能清楚地区分公与私，也不会轻易地被人出卖。当然，如果碰上真正的诈骗高手，可能还是难逃一劫。但没关系，即使变聪明了，也不代表能免受世间一切磨难。总而言之，我在年龄的滋养下日益茁壮成长。

既然无法阻止岁月，那就大方接受吧！
只要坦然接受岁月的洗礼，
一切风霜都终将成为我的血与肉。

因为热爱，所以无悔

几年前上映了一部电影。这部黑色电影只有九十万人观看，虽然未能大获成功，但从其他意义上说，却在电影史上留下了令人瞩目的成果。以前的黑色电影观众多数是男性，该影片却吸引了以二三十岁年轻女性为主的粉丝群体。即便许多影院已经下线了这部电影，她们仍会去还在放映的影院进行“N 刷”或者包场，积极地为这部电影消费。甚至为了提高上座率，即便本人不去现场观看，也会买票派“灵魂”去撑场[1]。而我也很光荣地成为

1 指即使不能亲临现场，也要买票，在精神上予以支持。

狂热粉中的一员。

对于这种无用的爱，我比谁都认真。一旦喜欢上什么，我就会一条路走到黑，否则不肯罢休。对于这部电影，刚开始我也只是反复观看，但很快这就满足不了我了。我不仅和其他影迷一样一帧一帧地解析电影，还开始关注演员和制作团队。我尤其喜欢其中的一个主演，他惊人的毅力、他的努力，还有他的天赋，可以说完全虏获了我的心！是因为自己是个懒惰的庸才吗？这个演员的一切都让我无法不着迷。

从喜欢上他的瞬间开始，我便不顾一切地追逐他的步伐。先是把他所有的参演作品和相关视频看完，然后开始付费下载他的电影。当他有新作品出来时，我一定第一时间飞奔到电影院观看，电影宣传活动也会尽可能参加。当然了，只要有他出席的活动，我都会加入激烈的抢票大战。就这么一追便是好几年。至于现在，用圈内的一句名言来概括，就是“只有休粉，没有脱粉”。虽然热情多少有些减退，但只要他发布了新作，我还是会去影院观看，并且在网上也会再购买一次。电影好不好不重要，作为一个粉丝，我只是单纯地希望他的电影能大卖。

也许会有人说做这些有什么用，与其把感情投在完全不认识的人身上，以此获得间接的满足，倒不如把那时间投资在自己身上更有意义。但他们这么说，是因为他们不理解这对我来说是不可抗力。不磕到底就不罢休的这种极端狂热倾向，不是通过后天学习得来的，而是与生俱来的。这种固执如果发挥得好，可以成为优秀的艺术家、学者、匠人。但很可惜，我只是成了一个御宅族，沉浸在最没用、最不值一提的东西里不能自拔。

第一次发现自己有这种倾向，是在小学六年级的时候。日子虽然也不算无聊，但总觉得光去游乐场玩儿还不够，那时的我迷上了阿瑟·柯南·道尔的《福尔摩斯探案集》。第一次读的时候，我感觉眼前一亮，心想："就是它了！"这不就是枯燥生活的调味剂、国家唯一允许的"毒品"嘛！夏洛克·福尔摩斯有着超人的观察力和推理能力，仅凭一个脚印，就能判断出一个人的身高和体重，甚至连那人平时的习惯、鞋子的品牌和生产年份都能推理出来，而且他的记忆力堪比今天的谷歌。他是我的偶像，是我奉为楷模的人。就像孩子们想要变成超人一样，那个时候我的梦想就是成为夏洛克·福尔摩斯。

我无可救药地沉迷于《福尔摩斯探案集》，每晚看书看通宵，父母发现后试图阻止我这一疯狂行为，可是并没有什么效果。因为我经常会假装熄灯睡觉，等父母回房后再继续挑灯夜读。在理性思维比感性思维发达的十三岁，推理小说对我来说就是最有吸引力的内容。

我把学校图书馆和市立图书馆里的短篇小说集读完后，又从网上搜罗了图书馆里没有的那部分小说。还记得在那个拨号上网的年代，下载个“宠物小精灵”都要花上一个星期，我坐在客厅里听着调制解调器发出的哔哔声，找到了所有我能找到的福尔摩斯探案故事，并且很快将它们读完了。然后我没有书可读了，可我还是感到意犹未尽。

虽然福尔摩斯和华生在小说里过上了幸福的生活，但这还不够，我希望自己能看到他们的幸福。我无法接受福尔摩斯的故事在柯南·道尔的小说中完结的事实，于是将目光投向了其他作家笔下的“福尔摩斯”。莫里斯·勒布朗是和柯南·道尔同时代的作家，我不知从哪儿听说他的《侠盗亚森·罗宾》中也出现了福尔摩斯。神探福尔摩斯出现在一部以小偷为主角的小说里……虽然作者想利用福尔摩斯炒作的意图不言而喻，可当时我只是一个年少单纯的十三岁读者。

在和侠盗罗宾斗智斗勇的过程中，福尔摩斯竟然被打败了，当我看见这一幕时终于忍不住崩溃了。我的英雄、我的偶像，居然如此不堪一击……这对于一个狂热粉而言，无疑是在心里烙下了无法愈合的伤口，那是我最后一次读福尔摩斯。失去偶像之后，我便再也没读过关于夏洛克·福尔摩斯的

小说了。

这是我人生第一次“脱粉”，但不是我最后一次“追星”。刚刚跟随父母到国外上国际中学时，我一句英语都不会说，只能靠着《哈利·波特》和各种少女漫画来排遣孤独。升上高中之后，我一边适应新环境，一边追美剧。虽然热衷的对象一直在变，但它们始终在为我的生活增光添彩。

当你全心全意喜欢上某样东西时，
它便成为支撑你生活的一种动力。

以前是热衷于《福尔摩斯探案集》，后来是《哈利·波特》，再后来是《灌篮高手》。多亏了它们，我才能度过那段艰难的时光，才能对渺茫的明天重拾热情。

每个人都可能会遇到人生的瓶颈期，有的人会彷徨，有的人会选择自我提升，有的人会发展兴趣爱好，有的人会选择追星。或许你会问，为何不趁着这个时期做些更有建设性的事，但有时候我就是想做一些毫无用处的事。人生那么长，谁知道什么时候会迎来拐点呢？偶尔也做做别的事，尝试一下爱上与个人名利、成就无关的东西；在休息的区间，暂时脱离一下自己的人生轨道不也是可以的吗？人生不就是这样吗？不管你是急性子还是慢性子，它都在以同样的速度流逝，所以又何必每时每刻都把自己弄得累死累活的呢？

偶尔回头看看，偶尔照照镜子，
偶尔尝试一下幼稚的爱，
说不定在探索的过程中，
还能发现点燃自己热情的真爱呢。

几年的追星经历让我体会到了与热爱相似的情感，所以如果下次遇到真正热爱的对象，我有信心自己一定能做好。所谓熟能生巧嘛。当那天来临时，我会再一次全力以赴。

你只靠吃草过活吗？

我不吃肉，但也不是光吃草。像精制面粉、油炸食品、加工食品这些不健康食品，我也吃很多。和纯天然食品境界的果蔬主义（只食用水果的素食主义）、生素食主义（只食用未经加工的生蔬菜的素食主义）相比，我是非常差劲的素食主义者。即便如此，当我告诉别人我是素食主义者时，人们还是会惊讶地问："为什么？"

这个问题从过去延续到现在。刚开始吃素时，我对素食的概念还不是很清晰。当我说出自己的饮食习惯时，人们就会反问："那你只吃草吗？"

（到现在也还是差不多的情况）然后像看外星人一样看着我（这一点现在也还是一样）。但真正的问题还不是人们欠缺认识，而是能吃的实在太少。就像人们对素食这个概念的认识很不足一样，当时能替代肉类的食品也很不足。虽然现在只要去超市就能买到素食食品，但是以前能代替肉类的食品就只有用大豆蛋白做的大香肠。那玩意儿嚼起来就跟啃木板似的，但也总好过什么都没有，所以每顿饭我都吃得很认真。啊，说来都是泪。

从小学五年级的某一天起，我开始带便当去学校。前一天还和大家一起吃食堂，第二天突然开始带便当，而且配菜还是那么难吃的大豆香肠。这在狭小的小学社会里成了一个热门话题。孩子们都非常好奇，自己身边的同学怎么会在一夜之间就变成了素食主义者呢？

“为什么只有你吃的不一样？为什么突然这

样？以后你都要带便当吗？到底是为什么啊？”

如果我是瑞典环保少女格蕾塔·通贝里那样的孩子，或许还能在那一刻脱口给出一个漂亮的回复，以此感化众人，因为改变饮食习惯的理由太多了，说上一星期都说不完。但我只是个不太聪明的孩子，也不是特别深思熟虑的人。面对铺天盖地的问题，我只是挠挠头笨拙地答道："没有为什么……"

就这样，我平白错失了一个能在小学掀起一股风潮的绝好机会。即便时光倒流，我的回答也还会是一样的，因为我吃素真的没有什么特别的理由。

改变饮食习惯主要的原因其实是妈妈。她迷上了有机糙米、食醋和竹盐这类天然食品，所以从很早以前开始，全家都被迫跟着她吃健康餐，而我当然也不例外。然后某一天，一直强调健康饮食的妈妈突然把所有天上飞的、地上爬的、水里游的都从饭桌上撤掉了。妈妈做的菜中本来就只有荤菜还勉强过得去……到底为什么要这样考验我，我委屈地问妈妈。妈妈说从今往后她要开始吃素了。简要地说，今后不用再指望能在饭桌上看见肉的影子。

"光靠嘴巴说爱有什么用？得付诸行动啊！"

妈妈说她的梦想是实现人与动物、自然的和谐共处，所以不愿意伤害和压榨活生生的生命。她觉得哪怕做得不够完美，也总胜过什么都不做。自然是巨大生命能量的集合，人类必须遵循大自然的规律；要实现与大自然的交互感应，就要学会尊重和热爱生活在其中的动植物，还要对大自然常怀感恩之心，并且懂得珍爱生命。她希望能把这些理所当然的道理教给子女。就这样，我也开始了我的素食主义之路。虽然并非始于本意，但从那一刻起，我再没杀过一只蚊子或苍蝇，当然也不会食用含肉类、海鲜、鸡蛋、牛奶、蜂蜜的食品，不会使用动物皮草或皮革类的产品以及含动物成分添加剂的产品。

要是在国外，这可能没什么出奇的；可是放在韩国，素食主义者就跟外星人并无二致。生活在这种环境下，上学时同学们都在吃食堂饭菜，而我只能坐在其间吃自带的便当；去饭店吃饭时，我点的永远都是石锅拌饭；出去旅游，我也没有机会探访美食；就是去自助餐厅，我也只能吃沙拉和水果。

从某种角度来看，这也算是一种高强度食物疗法（还好适合我的体质），对于这种近似于“异邦人”的生活，人们经常会有很多疑问。每次感到不太自在或不太舒服时，我也不明白自己为什么要这样生活。我希望和朋友们见面时不用纠结去哪家饭店吃饭，可以无所顾忌地配酒喝。最重要的是，我不想成为特殊的人，不想给别人添麻烦。这个长久以来困扰着我的问题，没想到在意外的地方找到了答案。之前妹妹在新西兰留学时，我趁着休假期间去找她玩，在那里见到了她的朋友。她和我们一样选择了“异邦人”的路，她说这是个很自然的选择，素食是为了幸福。

因为我想幸福，所以也尊重其他生命的幸福。

这个世界上所有动物都有自己存在的理由。正如女人不依附男人而存在一样，动物也不依附人类而存在。如果别人的痛苦因我的行动和生活方式而起，那么我的内心也将无法得到平和。妈妈说她这么做只是为了获得同等的尊重和爱。她在用自己的力量打造自己理想的世界。这么显而易见的道理，却一直被我忽视了。如果想要追求平和，就不能光是期盼，还要付诸行动才行。直到这时我才领悟到，让人类生活变得有意义的方法就是将期盼转化为行动。

现在回过头看，我觉得妈妈只是想教我如何去爱生命。她希望孩子们能与自然交流，能爱护共同生活在其中的动植物，并且成为一个感恩自然、内心平和的人。我以后会一直铭记妈妈的教导，希望有一天地球上的所有生物都能和谐共处。

写完了一篇文章，那就来一份铺满椰浆芝士的纯素比萨为今天画上句号吧。只要是不健康的素食食品，任何时候都是那么香甜。虽然我在追求和谐的生活，可我没说过要做一个健康的素食主义者哟……

爱需要理由吗？

还记得六岁那年的某一天，我在看大象纪录片时突然呜咽起来，因为我看到人们为了象牙而猎杀象群的场面。虽然时隔许久，可当时的悲伤至今无法忘怀。人们竟然为了那点儿象牙而猎杀如此温顺的动物。我为人类的残忍感到羞愧，幼小的心灵也忍不住哭泣。

从最近的新闻中总能看到由全球变暖引发的各种灾难。例如，因为蜜蜂种群消失而引起的粮食短缺，由于过度开采而造成的环境破坏，还有物种灭绝导致的生态系统崩溃以及严重的环境污染等，这些骇人听闻的消息就像电影中世界末日来临前的场景。这些消息正赤裸裸地向我们展示一个事实，即自然是一个有机体，当其中一环崩溃时，势必会导致整体的崩溃。

所以为了今后共同生活的地球、为了人类，越来越多的人开始呼吁保护环境。拯救蜜蜂、保护野生动物、停止乱砍滥伐和过度捕捞……这些倡议诚然不错，我高举双手赞成，可是细细一想，我又产生了困惑——保护自然真的需要这么多理由吗？

小时候，我和大自然并没什么特别的交流感应，对保护环境、动物权利这些问题也没有透彻的认识，可以说对地球这颗行星本身并不太关心。那会儿的我真的就是一个没有任何想法的普通孩子，如果非要说哪里特别的话，就是我特别痛恨那些践踏生命的行为。

比如以前上小学时，每个班里总有个别孩子会

“无缘无故杀死昆虫”，他们的行为令我很不舒服。他们会将树枝抵在螳螂颈部，用脚踩在两端，硬生生地将螳螂头身分离，也会折断蜻蜓的翅膀，还会因为无聊就踩死蚂蚁……这些记忆至今像嵌在指甲盖下的刺一样留在我的脑海里。

遗憾的是，那时我也只是个懦弱无力的小孩，只能眼睁睁地看着这一切发生。但出于对生命的尊重，我采取了一些其他行动。比如雨后的第二天，我会拾起路上的蚯蚓——这是我选择做的事。下完雨后，人行道上会出现非常多的蚯蚓，这些没有眼睛、没有耳朵的家伙压根不知自己身处何方，到最后往往不是活活被太阳晒干,就是被行人生生踩死。

这样的场景让我很难受。但不是因为觉得蚯蚓恶心，也不是因为看到它们垂死的样子觉得狰狞，只是看着它们为了活下去而不停蠕动的样子，让我无法对它们放任不管。

刚开始我会用树枝或树叶将它们挪到草丛里，可是只要稍微碰一下，它们就会拼了命地扭来扭去，因此我和它们总免不了一番苦战。蚯蚓的外皮那么脆弱，我担心会伤着它们，最后迫不得已只好直接上手。说实话，那种触感并不太好，但如果能救它们一命，又有什么关系呢？即使学校没教，那时的我也知道：世间所有生命都没有贵贱之分。

爱一个人，不需要理由。

我认为没有理由才是最完美的理由。看见可爱的动物会产生喜爱之情，看到受伤的动物会产生怜悯之情。在这一点上，我相信每个人都会有同感。看见被猎杀的大象会因为难过而落泪，看见路上垂死的蚯蚓会因为痛心而出手相救，这么做没有理由，我只是在跟随自己的感受行动而已。

如果光用脑子去理解，它就只能成为知识。

只有用内心去感受，它才能真正改变生活。

人们总是为保护动物、保护环境加上各种理由。每次听到为造福人类而守护地球这类说辞时，我都觉得很牵强。事实上，我们需要做的可能只是“爱护”而已。如果爱它们，我们就会让它们自由地生活；如果尊重它们，我们就不会侵犯它们的生活。如果能像对待自己和心爱的宠物一样对待大自然和大自然里的一切生物，那么这个世界就不会存在危机了。

我们不需要做出任何特别的努力，也不需要找任何的理由。只要真实地感受，顺着良心生活，或许我们就能在这颗美丽的星球上过上幸福的生活，不是吗？

第4部

还以为这样生活人生会完蛋呢

不是不想结婚，而是结不了婚

“您好，我是 ×× 节目的编剧。我们想邀请您参加我们的节目，请问现在方便通话吗？”

一天，我接到电视台的电话。对方自称是某特辑节目的编剧，问我是否愿意以“返乡归农女性”的身份参与节目，还说这次特辑的关键词是：30+、无业游民、归农和不婚主义。我尴尬地告诉她：“可我不是不婚主义者啊……”

于是参演节目一事就此告吹。为什么会认为我是不婚主义者呢？有结婚打算的三十多岁女性就不能一个人回乡下生活吗？就连战场上都有修成正果的爱情呢，若真心想结婚的话，“在哪儿生活”并不成问题。

即便我的年纪已经从二字头迈入了三字头，可我仍然对结婚没多大兴趣。倒不是说抗拒结婚，只是觉得结不结好像都无所谓。对我来说，结婚不是祝福，也不是诅咒，只是人生中有可能会发生的一个事件或一段经历而已。如果这场体验必然会迎来幸福的结局，那么我肯定会下意识地去追求它，但我知道并非如此，所以只是选择了隔远观望。因为，我还没有信心能经营好一段婚姻。

一说到结婚问题，人们总会担心我嫁不出去。大概在他们眼里，指望一个年过三十，且生活在乡下、没有工作的人结婚比奇幻小说里的故事还不现实吧。

“就算有钱也未必能步入婚姻呢，更何况像你这种没钱、没年龄优势、没工作、没未来规划的人，在这冷酷无情的婚恋市场还有什么竞争力可言啊？”

在婚恋市场，年龄、职业、学历成了衡量待售商品价值的标准。按照他们这套体系来看，我一定是滞销商品。不过，这只是他们的观念，我对结婚的看法有些不同。

其实只是一心想结婚的话，这并非难事。如果目的真的就只是结婚，那就不用看对方的条件，去登记结婚就好了。但它会那么难，是因为结婚后两个人要一起生活，而且还是一辈子……

两个成长环境截然不同的人，要花一辈子时间去磨合，这个过程无异于精神上的极限训练。如果做不到少些自我、多些迁就，那是根本不可能实现的事。换言之，一段和谐的婚姻生活，除了“爱”以外，还需要相互妥协、体恤、忍让和牺牲。

如果从一开始就遇到能包容我一切的人，那自然是皆大欢喜了。但众所周知，这样的概率是极低的。而且即便有这样的人，肯定也早已名草有主了。包括我在内，大多数现代人都存在个人主义和懒惰的问题，可是一旦结婚，就意味着我们要成长为一个能促进共同体和谐的成员。很遗憾，这项使命太艰巨了。

就拿我自己做例子吧。三十年来我连亲妈的话都不听，也不打扫房间，这样的人又怎么可能会为了另一个人突然改头换面、天天做家务呢？我知道早睡早起身体好，可是三十年来我都没做到；我知道玩游戏只是在逃避现实，可到现在我还是会充钱打游戏；我知道躺着看手机有损视力，可是此时此刻我都还在躺着玩手机。所以，这样的我又怎么可能会单纯因为“结了婚”，就改变一辈子的习惯呢？这不现实。换言之，想要成为婚姻这个共同体中的一员，目前我还远远不够格。如果以这种状态步入婚姻的话，我也只能假装配合和妥协一段时间，要不了多久肯定会撇下一切逃得远远的。

所以在考虑结婚之前，
我决定先做好自己。

首先就是要学会尊重自己。如果不懂得尊重自己，又何谈尊重他人呢?

于是，我回到乡下，努力把周围环境打造得美丽、整洁，开启有条不紊的生活模式。早睡早起，坚持晨练，及时洗碗、打扫和洗衣。如果家里有什么需要修理的，我会在当天就修。挣到的钱我会尽量储蓄，有闲钱时我会用来提高生活品质，而不是只顾着贪图一时的快乐。对我而言，尊重自己就是努力做好自己。

到现在为止我都还在学习一个人也能过好日子的基本生活技能。当一个人能完全独立存在时，相信不管身边的人是谁，都能怀着感恩之心一起生活。

只有先把自己整顿好，才有余力照顾他人，并给身边的人带去幸福。为了让自己成为完全独立的存在，今天的我也在努力学习。不管你是不是不婚主义者、有没有结婚或是不是单身，这些都不重要。先把自己做好再说……

对自己的时间负责

在乡下圆顶小屋迎来的第一个清晨，我沐浴着从窗户洒进来的暖阳，睁开了双眼。我看了看时间，比想象中要晚。尽管如此，我的心情还是很轻松。因为今天是搬来乡下后迎来的第一个早晨，而我要做的事只有写视频脚本！如果集中精力好好干的话，只要三个小时就能完成。反正时间充裕，晚点开始好像也没关系。于是，我打开了 Netflix，准备边看剧边做些琐碎的家务。

结果坐下后我一口气刷完了整季。都怪 Netflix，不用手动按播放键就自动播放下一集了，也不给观众中途溜走的机会！果真是大企业的毒辣伎俩。

起床后除了看剧什么也没做，太阳就徐徐落山了。我的内心也在这时开始慌了。因为工作拖了一天还没干，而时间已经所剩无几。

可干活也得先填饱肚子吧。就算一直拖下去也不会有人把饭端到我跟前，所以做晚饭这事坚决不能跳过。吃完饭后，天已经全黑了。獐子的叫声不时从黑夜中传来，身为一个胆小的城里人，我不禁感到害怕。这种时候只能打开偶像的视频，缓解一下我的心情。

就这么一集接一集地看了几个小时后，荒废一天的罪恶感和不安涌上心头，逼着我激发出超人的专注力。我怀着截止时间迫在眉睫的心情奋战到深夜，然后倒头昏昏睡去。因为临睡前投入了全副精力工作，所以很容易误以为自己这一天过得很充实，可实际上只有两个小时是充实的，也就是一天的十二分之一。然后，一天就这么过去了。

那天之后，我再也无法否认自己的真面目，不得不承认自己的意志是多么薄弱……

在城市里，即便意志力不够坚定也能维持正常生活。因为当我躺在床上挠肚皮的时候，只要从社交媒体上看到别人又是运动又是学习又是培养爱好，样样都不落下，我就有动力立即从床上弹起来。虽然我没有特别想做的事，也没有激情和意志力，但是我不甘落后于别人，所以总是不由自主地加入他们的竞争队伍。如果想学习，我就参加学习小组；如果想提高英语水平，我就报培训班；如果需要运动，我就去健身房。如果像别人一样努力生活能让自己获得满足的话，那么随波逐流好像也不是一件坏事。

来到乡下则意味着要远离那种环境，出乎意料的是，我竟然不担心。虽然没有圈子、没有完备的基础设施，但这也意味着全部时间都将由我自己掌控。如果二十四小时都由我支配的话，会发生怎样惊人的事情呢？来到乡下后，我满怀雄心壮志。在这个没有任何干扰的地方，我定能最大限度地提升自我。

然而没过多久，我这份自信心就被击得粉碎……真正搬来乡下之后，我才发现没有一件事能按照我的意愿进行。直至这时，我才明白“自由时间”的真正含义。我再也不能推卸责任了。因为没人唠叨我，也没人打扰我，我没有要去的地方，也没有要参加的活动，所以如何安排时间完全取决于我自己。在这里，时间可以是金子，也可以是狗屎，全看我怎么管理。

对自己的时间负责，这真的是一件很可怕的事情。但对于步入三十岁的我而言，这是必不可少的经历。

回顾过去，我在城市里之所以能搭上便车，

不是因为人们忙碌的日程，

而是因为他们的热情和意志。

如果没有人推动的话，意志薄弱的人就会沦为废物。没有节制的生活让懒惰的我浪费了大部分的时间。尼采不是说过吗？不能主宰自己生活三分之二时间的人与奴隶无异。显然，最浪费我时间的不是别人，正是我自己。如此说来，从出生至今，我一刻也未曾摆脱过奴隶的身份。天啊，人类为何如此意志薄弱？

我们每个人都会迎来对自己时间负责的那一天。当我们能够主导自己的时间，真正的人生才拉开帷幕。以前我的生活总是被别人或环境左右，但我希望来到这里后能开启我的自主人生。想到这些，我感到心潮澎湃、热血沸腾。我觉得自己现在真的能做得很好。

终于完成了一项任务，睡前再多看一集剧吧……

想成为一个成熟的大人

五月的某一天，风和日暖，我化了个清新的妆容，心情愉悦地出了门。在当时居住的小区门口，我碰见一个小孩，看起来约莫五岁的样子。在眼神交汇的那一刻，小孩突然立定站好，朝我行了一个九十度的“肚脐礼”[1]。

“您好！”

一句简短的问候，却给我带来巨大的冲击。虽然从小孩口中并没有吐出那两个字，但我心里的

---

1 韩国的一种行礼方式。韩国小孩见到长辈时，会把双手恭敬地放在肚脐位置鞠躬行礼。

耳朵已经“听见”了。“您好”后面省略的是“阿姨”……尽管并未说出口，可是这个词已经如同烙铁般印在了我的心里。夸张点说，我觉得自己和孩子们就像朋友一样，到头来却发现这只是我一个人的错觉。我还以为自己永远都是孩子们的朋友，没想到有一天他们会向我行九十度的肚脐礼，而我也成了一个过年要给他们发红包的长辈。

经过肚脐礼“事件”之后，我重新思考了年龄的问题。这个世界上真的会有人做好了变老的准备吗？我想应该没人会对衰老感到不陌生吧？毕竟大家都是第一次经历。

在真正衰老以前，

我也没有意识到，

原来我也会和其他人一样渐渐老去。

《摔倒了，就先原地躺会儿吧》独家赠品

随着日子悄无声息地流逝，我开始被人唤作“姐姐”“前辈”。可不知为何，我仍觉得自己是个孩子，只是身体长大了而已。可能是因为我的心智不够成熟，也可能是身边人的态度让我更加深了这种感受。对于我做的一切人生选择，周围的人总会产生无止境的怀疑。

在他们眼里，我好像还是个不懂事的孩子。原以为只有青少年时期才要忍耐别人的干涉，没想到我现在这个年纪还得听他们没完没了的唠叨。

我感到不知所措。为什么渐渐地越来越多人想当我的人生顾问？他们总是急切地想要提醒我，现在这个时期对我而言有多重要。

“现在这个年纪回乡下生活怎么行啊！”

“趁现在还不算太晚，赶紧回首尔找份工作吧，再晚就来不及了。”

对于我不想做的事，人们总说现在是黄金时

期；而对于我想做的事，人们却总说时机未到。年纪越大，人们对我该做什么、不该做什么反而管得越宽。他们手里是拿着一份连我都不知道的我的人生日程表吗？还是国家规定了现在该做什么吗？衰老本身已经很令人伤感了，可我还要听人念叨、看人脸色，心里真是好不委屈。这是我自己的人生剧，我不明白为什么非得说服周围的人，况且他们也没那么爱看我这部剧啊。

所以我决定关闭观众留言板，当一个像犀牛角[1]般独自前行的编剧。对于无数想干涉我人生的人，我只有一句话想对他们说：

“谢谢关心。”

1 象征性表达。意味着选择独自前行的路，与自己的内心产生连接，不受周围环境和社会压力的影响，保持内心的稳定和平衡。

我们都会长大成人。以前，我茫然地认为只要成年了就是大人，我很好奇大人是何时长大的，后来才发现，原来生活自然会催人长大。年华不会虚度，无论有意或无意，时间总会教我们成长。

以前我对未来的自己有着莫名的期待。比如大笔的储蓄、灿烂的事业、宽广的人脉，还有作为职业女性的光明未来，我还以为成为大人后就理所当然地会享有这一切。我幻想着自己成为一个精明能干、懂得照顾下属情绪的大人。然而我一样也没能实现。换作以前，我肯定会认为自己还不够成熟，可现在的我不会这么想了。因为那些为了迎合大众标准的条件对我已不再重要。

我决定挖掘自己的内在价值，并努力让过去的时间化为自己的价值。现在我可以理解以前无法理解的东西，可以做以前做不到的事情，也能看到以前看不到的东西了。我正在按自己的方式成长。

在电影《实习生》[1]里，年逾七十的本原是一位CEO，退休后，他以大龄实习生的身份来到朱尔斯创办的公司。虽然朱尔斯不太满意本这个秘书，但在本的帮助下，她所面临的生活难题逐一迎刃而解。

面对怀疑自己能力的朱尔斯，本说："我可以和任何人都相处得很好。还有，我来这里是为了学习你的世界，给你提供我力所能及的帮助。"

居然有人甘愿成为别人的辅助者？像这样懂得体贴和尊重他人的大人真的很少见。在我看来，只有这样的人才能被称为独角兽般的存在，这也说明要成为一个"真正"成熟的大人有多么困难。

另外，本还说了一句话："经验绝对不会变老，经验永远不会过时。"

1　该片于2015年在美国上映，由安妮·海瑟薇、罗伯特·德尼罗联袂主演，讲述了本·惠科特在退休之后重返职场，成为朱尔斯·奥斯汀创建的时尚网站的实习生的故事。

真正具备成熟人格的人，随着时间的沉淀，会变成一个更有价值的人。他们不会为逝去的时间而感到惋惜，因为他们知道，今天的自己比以前更好、更成熟。

我希望自己能好好沉淀，成为一个不为过去感到惋惜，并且对未来心存期待的人。那么，在未来的某一天，当我回首过往时是不是也能淡然地说出“此生无悔”呢?

依旧是个不想上班的无业游民

外界总以为选择归农的人都超然物外、淡泊寡欲，但很遗憾，我有着很强的物欲。看见漂亮的包包、衣服、鞋子，我都想买回家，虽然超出了预算，但至少我可以先加入购物车。感到压力大或者手头有闲钱时，我会第一时间购物。简言之，我特别爱花钱。但我不会把金钱视为人生最重要的东西，理由很简单，因为一味追逐金钱的话，很容易毁掉人生。

“佳永，你一个月得赚五百万，才能过上像样的生活。”

不管过去还是现在，爸爸都让我每个月赚五百万回来，还说这样日子才能过得比较宽裕和体面。也对，人们不都说嘛，钱虽然买不到幸福，但想要幸福就不能没有钱。有了很多钱后，就能做自己想做的事，买想买的东西，选择的空间也更大了。而选择变多本身就是一件幸福的事，所以也难怪大人们成天念叨着钱。

我也喜欢钱。看到那些干得少赚得多的人，我会羡慕不已；看到靠炒股和比特币赚得盆满钵满的人，我会眼红得要命。听说还有人专门学习怎么中彩票……虽然我的脑子难以理解，但那种心情我很能体会。中彩票啊！不觉得光想一想就很开心吗？虽然我不买彩票，但想象总归是美好的嘛。

钱是个好东西，但我不会把自己吊死在钱上，因为我知道它的代价有多昂贵。像我这种平平无奇的人想要赚钱，要么靠体力，要么靠脑力，要么两样一起上。总而言之，就是要狠狠地“努力”。这一点在世界各国都是共通的。总的来说，二十多岁时是用青春换取金钱，三十多岁时用健康，四十多岁时用家人，最后用人生。赚了钱后可以在首尔买房、买车、买衣服，还可以买许许多多的东西。所以我也一直在努力赚钱，它最赞的地方是可以买到一时的幸福。

只是这种幸福的时效性实在太短，短到让人纳闷。平时工作太累，很难有自由时间，周末又因事务缠身，无法玩得尽兴。能真正休息的时间，一年到头也就只有十五天左右的法定假日。可真到那个时候，又总会因为慢性疲劳而选择窝在房间里，然后假期就这么荒废了。

要是有很多钱可以任意花，说不定情况会不一样，可我的工资又没那么高，所以只好老老实实地通过网上购物来解压。一年到头从早到晚地忙活，而且很多时候还要工作到深夜，可是最后换来的幸福却那么短暂。赚钱是为了换取幸福，可这笔交易一点儿也不划算。明明是为了过上幸福人生才去赚钱的，到头来人生却因为赚钱而变得不幸，这算什么啊？

为了赚钱，很多人一天只睡六个小时，剩余大部分时间都在工作。可讽刺的是，即便赚了钱，我们也无法买到真正需要的东西，比如健康、家人和时间。而花在赚钱上的时间却用什么都买不回来了。钱买不到过去，也买不到现在，又凭什么指望它能买到未来呢？比起投资的时间和精力，钱带来的回报实在太少了。所以我才下定决心，不让金钱在我人生中占据首位。我要重新给人生的重要价值排序。

在乡下，我可以吃上自己亲手种的蔬菜，可以坐在自己打造的庭院里画画、看书。日子虽然谈不上滋润，但每一天都过得悠然自得，我能感受到自己鲜活的朝气。

在电影《阿凡达》中，外星原住民纳美人之间通过身上的神经突触实现意念沟通。所有生命体都可以相互进行通感、传递能量，它们通过这种方式感知自己活着。我就像纳美人一样，在乡下与大自然的交流让我感受到每一天都充满了生机。这种日常生活中的心灵净化（catharsis）是生活的原动力和生命力。在这里，我要适当地放弃，适当地节省，适当地承受不便，即便如此，我发现日子还是可以过得很幸福。

钱嘛，差不多够用不就行了吗？

这才叫生活嘛!

乡下人的晚年准备

冬天来了。前两天还像秋天一样风和日暖，不想一夜之间气温却降到了零下。这天气冷得耳朵都快要冻掉了，我却还得在户外劳作，真是苦不堪言。然而，随着天气越来越冷，痛苦的还不只是身体。

去年冬天，供暖费和电费暴涨，应该是受到了世界局势的影响。当自己开始持家后，才发现什么都不省心。上个月，家里的电费涨到十万元，比平时多了一倍。平均每月十五万的煤油费也大幅涨到了二十二万。直觉告诉我，这还不是灾难的尽头。

为了预防供暖费和电费的巨额炸弹轰炸，我做好了万全准备，破天荒地开启了“节电模式”。首先我把供暖设为六小时运作一次，然后把不必要的插头统统拔下来，房间的灯也只使用一半。做足这些工作后，我相信一定能稳妥地度过一月的寒潮。

然而到了一月，我家的电费竟然还是高达十五万元。肯定是账单出错了。出现这个数目要不是房子哪里漏电，就一定是有人偷拉了我家的电线。无论如何我都无法相信这是我家实际使用的电费。

供暖用的煤油也才两个月就见底了。新加的煤油一桶要三十万元，才一个月就涨了八万。我不禁哑然失笑。这个冬天我的家里又冷又暗，可是我的钱袋还是照样被掏空了。我无力地看着日益缩水的存款余额，一片茫然。

两年前，当我决定归农时，我什么也没想。因为已经有很多人替我担心,所以不需要再多加我一个。

“一个女孩子回乡下生活像话吗？”

“农村的房子很容易就成了白菜价。”

“到2050年，你连养老金都领不到，到时没了收入，积蓄也用完了，你怎么办？老了以后很可能就成了一个穷光蛋！”

虽然我很感谢他们替我操心，但其实这些话我一个字也听不进去。因为我有信心能在乡下实现自给自足的生活，并且坚信只要能有勉强糊口的收入,往后不管二十年还是三十年,生存都不成问题。

可是这种自信很快就被磨灭了，回到乡下后我立马变成了一个穷光蛋。砌砖、庭院造景，还有租赁和购买农具的费用，源源不断的支出如同滚雪球般越滚越大。虽然心头掠过一丝危机感，但很快我就调整好了心态。“无论去哪儿都少不了初期费用的嘛……肯定只有第一个月才这样……”

所以什么时候才能在乡下生活啊?

如果上天能听见我迫切的心声那该多好……我以为只要熬过前期的“大出血”就能迎来康庄大道，但很遗憾，后面还有更大的灾难。

各种天灾人祸接踵而至。疫情在全球蔓延，战争爆发，股价暴跌，政权更迭，物价暴涨，油价翻了几番。大笔的开销并未在初期止步，而是一直延续了两年多也看不见头。钱这头刚进来那头就花出去了，账本时不时还会出现入不敷出的情况。

在不断缩水的存款面前，我有时也会动摇。进来的钱就这么多，出去的钱却在不断增加，就算我意志再坚定，也免不了开始替自己的晚年生活担忧。当然了，到最后往往都是“唉，不管了”，然后重拾平常心，继续该做什么就做什么。但这并不是因为我坚强，确切地说，这是从生活中自然习得的智慧。就像在无法预料的世事中经过一番乱碰乱撞后，自然而然地就学会了躲避攻击的技巧。

曾经有段时间，我听取了长辈们的建议，费尽心思地为未来做准备。不过我始终只是停留在思考阶段，未能想出什么好的对策。我考虑过攻读完本科和研究生后找一份高薪工作，也梦想过成为一个事业成功的商人，但最后一样也没实现。为未来付出的努力总是那么容易就白费了。

别人让我准备的我都尝试过了，可最终还是什么都没准备好。我不禁开始怀疑，未来真的能提前准备吗？现在又该如何是好？玩过模拟养成游戏的人都知道，如果第一步没走好，后面再想要翻身就很难了。想要一个好的结局，只能从头来过。可人生不是游戏，怎么从头开始呢？我也没有回到过去的能力。

时间仍在不断地流逝，我始终未能找到特别好的对策。不管你信不信，即便没有任何准备，我也照样迎来了我的三十岁人生。因为喜欢而开始的零散兼职，渐渐成了可以称为“经历”的东西；因为兴趣而开始的画画和自媒体，也成了我日常的快乐源泉。而且，生活在乡下还让我意外地收获了写书的机会。而这一切又成了我继续在乡下生活的土壤。即便二十多岁时没有做好准备，我的人生也没有想象的那么糟糕。生活只是在以意想不到的形式往意想不到的方向继续着。

生活并未能如我所愿，

最终我仍然毫无准备地迎来了今天。

即便如此，

我的生活还是渐渐变成了与我相似的样子。

和准不准备没有关系。也许人生才是最不需要准备的事吧。我到现在都不知道明天会发生什么，以后也一样，我无法预见任何变故和吉凶祸福。

一心想着赚钱，有时反而会亏损，当你的目的不在赚钱上时，可能还会迎来意外的好运。别人都想做的事，正因为个个都挤破头想干，所以很难从中取得很多收获。相反，别人都不想做的事，反而可能会因此成为自己的机会。虽然大家都说我不可能一直待在乡下，但来到这里后我才有机会尝试了许多事情，而这些也成了我一直生活在这个地方的理由。人生是一条未知的路，我不知道前方有什么东西在引导我，也不知道生活会发生怎样的变化。

今天又是平平淡淡的一天，既不好也不坏，未来同样还是没有保障，但我不会再费尽心力去为未来做准备了。只要相信自己的人生，过好今天就可以了。与其为了还没到来的明天未雨绸缪，还不如好好活在当下这一刻，对我来说，这就是为明天做的最好准备！

乡下是最好的良药

生活在乡下，虽然没有闹铃，也没人喊我起床，但一到早上六点，我就会像定时的电饭煲一样自动睁开双眼。这在以前是根本无法想象的事情。对于以前的我，早上六点实在是太早了。在城市时，我通常都是等所有人去上班后，才从床上爬起来。但回到乡下以后，我的生活发生了一百八十度的变化。我这才意识到：

像我这样的人早就应该来乡下生活了。

说实话，我之前的人生和勤劳、规律毫不沾边。父母对我太了解了，所以在听说了我的归农计划之后，都表示无比担忧。女儿做了十年自由职业，那么讨厌紫外线，又那么享受城市的便捷，突然之间却说要归农，身为父母又怎么能不叹气呢？爸爸尤其表示怀疑。像我这种缺乏社交能力、懒惰，而且体质弱的人，如果在城市，就算宅在房间里也能勉强活下去，可这种懒散的态度回到乡下还能行得通吗？

“你以为谁都能在乡下生活吗？”

“为什么不行！我可以的！”

这豪言壮语不是一时意气，而是发自肺腑。乡下不也是人生活的地方，和城市有什么不同？看看电视上经常播的《韩国纪行》[1]，那些年轻人不也照样在乡下生活得好好的（本来看别人做什么都会觉得很容易……）？仔细想来，我能如此不管不顾地选择归农，就是因为无知。所谓无知者无畏嘛，

1 韩国 EBS 电视台纪录片。

老话果然说得一点儿也没错。

我的脑海里满是美好的憧憬。沉浸在迪士尼动画里的我，总把乡下的房子想象成一个承载着梦想和希望的奇幻世界。就像电影《白雪公主》里的场景一样，只要唱歌跳舞，就能让动物们帮忙打理菜园。虽然不像小孩子那样充满幻想，我却盲目地相信，只要去到那里，一切问题都能迎刃而解。然而，实际去了后才发现：哪有嘛，真正的乡下生活才不是童话哩！根本就是充满考验的海军陆战队训练营，是让弱不禁风的人重生的地方，这才是乡下的真实面目。

在这里容不得半分懒惰。在城市时，如果没什么事，我就喜欢一整天躺在床上看漫画、睡大觉，现在我却要永远告别这种无脊椎动物似的日子了。因为在这个地方，我就是如同造物主一般的存在。

如果不每天浇水除虫，田里的农作物就会枯死或被虫子吃掉；如果不每天除草，它们就会像怪物一样疯长；如果不及时添加供暖的燃料，冬夜里就会体验到西伯利亚般的寒冷；如果不定时清理垃圾，苍蝇就会成群而至；如果不即刻清理猫粪，粪便很快就会遍布菜地。如果我不干活，这里的世界就会崩塌。简而言之，在乡下，勤劳即生存，想要生存就必须勤劳。对于懒人来说，乡下就是治疗懒惰的最佳良药。

除此以外，这剂良药还有另一个功效，就是治愈“厌虫症”。在城里一般很难碰见那些长相吓人的虫子和蛇，在这里却是随处可见。像蜘蛛和蚂蚁都属于可爱的范畴了，还有很多类似蚰蜒、马陆、蜈蚣这种爬得很快、腿特别多的节肢动物。刚开始我觉得这些虫子好恶心，到后来只是有些反感，现在已经无动于衷了。如果给我一双橡胶手套，我还能直接上手抓它们。共同生活了一段日子后，我甚至可以站在它们的角度思考了——

“或许在它们眼里，我才是那个巨型怪物吧？”“从保护环境的层面来看，对地球真正有害的不是虫子，是人类吧？”

人类造成的温室效应令昆虫数量减少了41%，今时今日我们不是应该感谢现存的昆虫才对吗？这么一想，“厌虫症”也就自然好了。

到现在还是会有人问我：搬到乡下生活后不后悔？会不会觉得冲动买下的房子是个负担？时间一晃，三年过去了。我的回答还是“不后悔”。植物只有种植在合适的土壤里才能扎根和茁壮成长，人也是同样的道理。只要遇到适合自己的土壤，所有的考验和困难都将成为锻炼自己的养分。

生活在乡下，大部分的工作都要亲力亲为完成。在这里我要用手抓泥土，照料花草，不停地奔走劳动。我不断积累着只属于我个人的经验，它们不是从网上获得的知识，不是别人告诉我的见闻，也不是来自城市铺天盖地的信息。在这个过程中，我每天都在慢慢地成长。真神奇啊！我一直以为只有不断吸收和学习才能进步，没想到“合适的环境”可能才是蝶变的关键。只要找到适合的土壤，即使不费力气，花朵也自然会绽放。以前的我就像那沙漠里随风飘动的风滚草，直至来到乡下，我才终于遇到了可以让我扎根的土地。

今天我也在乡下，
学习如何过好每一天。
就像那些慢慢长大，
最后开花结果的植物一样。

我把枯萎的树挪了一个位置后，才过几天它们就恢复了活力。我也尝试过施肥、剪枝，但都无济于事，正纳闷是什么原因呢，结果发现是土壤的问题。因为我的无知，差点儿就损失了十五万元。这也再次印证了环境的重要性……

懒人的辩解

“哎哟，这孩子又这么睡着了，快起来！”

小学一年级时，因为总是不分场合倒头就睡，所以我在小区里成了有名的“小流浪汉”。不管是小提琴补习班的大厅，还是光天化日之下的大街，只要困意来袭，我站着的地方下一秒就能变成床。当街坊邻居看到一个小朋友把书包当成枕头睡在大路边时，不知有何感想呢？至少肯定不会认为这是正常家庭的孩子吧。

这种奇怪的行为一直延续到妈妈目睹我睡在路边为止。妈妈问我为什么要在路边睡觉，我没有回答，因为我自己也不知道原因。究竟是什么让一个六周岁的孩子累到睡在路边？现在想来，那个年纪肯定不会是因为肉体上的疲惫，应该只是对生活感到厌倦吧。

从三岁到五岁，我一直跟随父母在美国生活，回到韩国上小学后，免不了要经历一段煎熬的适应期。因为对韩语不熟练，所以每次听写成绩都过不了三十分。更糟的是，当时的班主任还会惩罚学生，错一个就使劲揪一下鬓角的头发……适应都来不及，还要忍受这种让人不适的体罚。这对一个六岁的孩子实在是太残酷了。

所以我的大脑好像总想逃离这种情况。这算是一种罢工吧？“啊，这个好像有点过头了吧？”当大脑产生这种想法时，它就会自动关上大门，不让我继续勉强自己。

现在我万分理解那些因为厌倦生活而睡在街

头的醉汉。因为如果不通过这种方式逃避的话，日子恐怕连一天也过不下去。就连年幼的我，也会因为疲惫而躲入梦乡。但我并不认为这是懦弱的表现。不想看见就闭上眼睛，不想听见就捂住耳朵，这么做，只是为了熬过那段时间而已。当你真的无法承受时，除了捂住眼睛和耳朵还能怎么办呢？这不是逃避，是一种自我防御。

小时候，如果压力达到极限，我还能通过睡觉来解决，可随着年龄增长，这一招也渐渐不管用了。随着想做的事和要做的事越来越多，我无法再按下大脑的终止键了。

二十五岁才念大学的我，因为急切地想要快点完成学业，所以每个学期都申请了二十二个学分的课。为了下个学期还能多申请一些学时，我拼了命地学习，争取每个科目都拿到A。不仅如此，课余时间还要写作业，每天晚上都要兼职六个小时，

请帮我完成作业，帮我上跆拳道课、钢琴课，帮我写练习题。
一次性没法完成那么多工作，今天就先打烊咯！
营业结束
昏睡

周末还要参加插画师聚会。因为每次聚会都要带上作品，所以周末的凌晨还要起来画画。换作小时候，这样的日程一天不知道得累趴在街头多少次，可成为大人之后，我学会了硬着头皮撑下去，因为我知道不能就此放弃。我靠着必须走到底的信念一直咬牙坚持，但是最终身体不堪重负，率先被压垮了。

好想玩。

好想休息。

好想睡大觉。

大脑出于本能发出了想要休息的信号。虽然这个世界把玩乐、休息、睡觉视为罪恶，但我还是决定听从大脑的信号。因为那不是懒人的心声，而是想要活下去的呐喊。

虽然我是一个好胜的人，但在竞争的重压面

前，我又是一个极其弱小的个体。我能够承受的程度就这样了，如果继续勉强下去，那对自己实在是太残酷了。就算是逃离竞技场，也总好过因为逞强而战死沙场。

在大学的哲学课上，我学到一个道理：生活的真理往往就藏在最简单的地方。当代最厉害的天才哲学家们都有一个共同的观点，他们认为人类应该自由和谐地生活。

不要硬撑，

在自己的允许范围内，一步一步慢慢走。

虽然我花了七年时间才把哲学课上的知识融入生活，但那又如何？往后还有那么长的路要走，七年算什么？

后记

写给每一个曾经自我怀疑的“我”

“您有意向出书吗？”

某天，出版社向我发出了邀约。没想到长这么大还能遇上这样的事。

虽然从小我就喜欢写作，却从未想过能出书。我也能写书吗？我一直以为只有特别的人才能写书。除了要让读者们从我的故事中获得共鸣以外，还要在规定的时间内完成两百多页的书稿，光想一想就觉得压力好大。“创作”和“截止日期”，当这两个可怕的词语跳入脑海的一瞬间，我忽然想到：哎？这不就是我平时一直在做的事吗？

我在 YouTube 频道上通过平淡的旁白和观众分享我的想法，由于这是我自己选的题材，所以两年多来每周都会因为赶视频脚本而备受煎熬。虽然有时我也想不明白为什么要给自己套上这么痛苦的枷锁，但无论如何，过去三年里我一刻也没有放下过手中的笔。

换言之，写作对我而言就是生活的一部分，和吃饭、睡觉一样稀松平常，所以我为什么要惧怕它呢？这么一想，自信心顿时涌上心头，点燃了我的斗志。好，那就试一试！不就是每周多写几页稿子吗？有什么大不了的！

“好，我愿意试一试！”

然后在将近一年的时间里，我呕心沥血地完成了书稿。这一幕怎么似曾相识？啊，人的欲望是无止境的，而且总是喜欢重蹈覆辙……

以前我也梦想过靠笔杆子吃饭，像是成为网络小说作家之类的。比起在文坛备受推崇的纯文学小说家，那种被很多人点赞和评论“期待下一集”的作家更吸引我。可能我就是天生渴望被关注的类型吧。

十四岁那年，每晚十一点我都会趁大家睡着时在一个很小的网站上连载小说。为了不被父母发现，我都半夜自己缩在黑暗的房间里偷偷地写，如果怕黑的话，我还会拉上弟弟陪我。

如果你问我写出来的东西有很多人看吗，我可以告诉你，完全不是。不仅内容杂乱无章，素材也一塌糊涂，而且都是些未经证实的无稽之谈，这样的文章自然是不会有人看的。浏览量从未超过两位数，只是偶尔会收到几个类似“沙发”这种毫无意义的评论。即便如此，我也没有停更，因为这些不起眼的反馈对我来说也已经是最高的赞美。有人在读我的文章呢！对那个年纪的我来说，这就已经足够了。

我对写作的喜爱从未改变，所以在接到出书的提议时，才能这么爽快就答应了。无论结果如何，我都希望能让这种爱尽情绽放一次。

看着这本书的定稿，我现在的心情十分奇妙，感觉就像在人生这座碇步桥上又向前迈了一步。为了不给自己留下“早知如此当初就……”的遗憾，每当有新的机会来临时，我都会牢牢抓住。虽然我也不知道结果会如何，但没关系，只要勇敢尝试过就够了。随着勇敢的次数越多，对自己的信心也会越多。我可以不再惧怕面对人生。

就这样，今天我又向前迈出了一步，

虽然和别人走的路都不一样，走得也比别人都慢，

但我知道即便不按照主流的方式，

也能活得好好的，

这不，我的日子正过得有滋有味呢！

写给每一个曾经自我怀疑的“我”：

你是不是以为这样生活，人生就会完蛋呢？

图书在版编目（CIP）数据

摔倒了，就先原地躺会儿吧 / (韩) 申佳永著 ; 朱萱译. -- 北京 : 国文出版社, 2025. -- ISBN 978-7-5125-1877-3

Ⅰ. B821-49

中国国家版本馆CIP数据核字第20250NZ438号

北京市版权局著作权合同登记号　图字01-2025-2233号

摔倒了，就先原地躺会儿吧

著　　者	[韩] 申佳永
译　　者	朱　萱
责任编辑	戴　婕
责任校对	崔　敏
选题策划	任　菲
出版发行	国文出版社
经　　销	国文润华文化传媒（北京）有限责任公司
印　　刷	北京盛通印刷股份有限公司
开　　本	880 毫米 ×1230 毫米　　32 开
	7.75 印张　　100千字
版　　次	2025 年 5 月第 1 版
	2025 年 5 月第 1 次印刷
书　　号	ISBN 978-7-5125-1877-3
定　　价	58.00 元

国文出版社
北京市朝阳区东土城路乙 9 号　　邮编：100013
总编室：（010）64270995　　传真：（010）64270995
销售热线：（010）64271187
传真：（010）64271187-800
E-mail：icpc@95777.sina.net